Pole Position

Hermann Scherer

Pole Position

Mit der richtigen Positionierung
zu Marktpräsenz und Mehrumsatz

Scherer
ganz persönlich:
Die wichtigsten
Learnings
aus 30 Jahren
Expertise

Campus Verlag
Frankfurt/New York

Jede Person darf sich durch dieses Buch als Mensch angesprochen fühlen. Alle personenbezogenen Bezeichnungen und Begriffe gelten im Sinne der Gleichbehandlung grundsätzlich für alle Geschlechteridentitäten. Auf ein Binnen-I, eine Schreibweise mit Asterisk, Doppelpunkt oder Unterstrich, eine Nennung der grammatikalisch weiblichen wie auch männlichen Form oder eine durchgängig neutrale Ausdrucksweise wird verzichtet. Diese Entscheidung dient der besseren Lesbarkeit und beinhaltet keinerlei Wertung.

MIX
Papier aus verantwortungsvollen Quellen
FSC® C089473
FSC www.fsc.org

Klimaneutral
Papier
ClimatePartner.com/13732-1910-1001

ISBN 978-3-593-51693-6 Print
ISBN 978-3-593-45368-2 E-Book (PDF)
ISBN 978-3-593-45367-5 E-Book (EPUB)

Umschlaggestaltung: total italic, Thierry Wijnberg, Amsterdam/Berlin
Umschlagmotiv: © Shutterstock/E-ART
Layout und Satz: Oliver Schmitt, Mainz
Gesetzt aus der Joanna Nova und Joanna Sans Nova
Druck und Bindung: Beltz Grafische Betriebe GmbH, Bad Langensalza
Beltz Grafische Betriebe ist ein klimaneutrales Unternehmen (ID 15985-2104-1001).
Printed in Germany

www.campus.de

Inhalt

Wie wird man eigentlich …?

Ein vom *Spiegel* interviewter Zauberer sagte einmal: »Der Auftritt allein macht nur einen Bruchteil der gesamten Arbeitszeit aus.«[1] Er gehörte schon zu der Riege mit einem Jahresumsatz von über 200 000 Euro, was durchaus bemerkenswert ist, denn viele andere kämpfen vermutlich ums Überleben. Die Ehrlich Brothers haben ein geschätztes Vermögen von 30 Millionen – was wiederum im Vergleich zu einem internationalen Weltstar wie David Copperfield, der fast Milliardär ist, wie Peanuts anmutet.[2] Trotz Recherche konnte ich keine eindeutige Zahl finden, wie viele Zauberer es in Deutschland gibt. Zum einen weil es kein Ausbildungsberuf ist, zum anderen weil es schwierig wird, klare Grenzen zu ziehen zwischen den Hunderttausenden, die mit dem Zauberkasten experimentieren, und denen, die wirklich Zauberer werden. Im Magischen Zirkel von Deutschland, der übrigens schon 1912 gegründet wurde, sind derzeit rund 2 800 Mitglieder weltweit gemeldet.[3]

Der Knackpunkt ist stets der Durchbruch.

Worauf ich mit diesem wundersamen Ausflug in die Welt der Zauberei hinauswill: Der Knackpunkt ist stets der Durchbruch. Und bis es so weit ist – bis dein großer Auftritt gekommen ist –, muss einiges passieren und getan werden. Dabei lautet die entscheidende Frage: »Wie schaffst du es, aus der Überlebenskampfarena aufzusteigen und zu einer wertvollen Marke zu werden?«

Ich wusste es lange Zeit selbst nicht und wollte mich deswegen beraten lassen, als ich noch ganz frisch im Speaker-Business mitmischte. Also flog ich eines Tages nach Dortmund zu Jutta Häuser, die speziell für Trainer und Redner arbeitete. Ich legte ihr mein Personenprofil vor, um zu erfahren, wie ich mich künftig am besten darstellen sollte. Sie sah sich die Unterlagen an und fragte mich: »Wollen Sie Redner werden?« Ich bejahte dies – und sie strich daraufhin rigoros alle Begriffe aus meinem sorgfältig erstellten Profil, die nichts damit zu tun hatten: »Seminar«, »Beratung«, »Coaching«, »Training«, »Trainer« und noch so einige andere.

Wenn man das eine sein will, dann darf man das andere nicht tun – zumindest nicht in der Außenwirkung. Dieser Ansatz war, ohne den Markt wirklich genau zu kennen, logisch und banal, aber vor allen Dingen angsteinflößend. Meine Angst war enorm, meine Sorgen unendlich groß und ich befürchtete ernsthaft, dass mein Leben, meine gesamte Existenz gerade innerhalb von wenigen Minuten, ach was, Sekunden durchgestrichen und damit vernichtet worden waren. Ausgelöscht. Für immer. Ich war den Tränen nahe.

»Wir streichen hier gerade meine berufliche Zukunft. Wovon soll ich denn leben, wenn ich das, was mich am Leben erhält, oder mich zumindest zu 99 Prozent am Leben erhält, aus meiner Beschreibung streichen muss?« Für mich war es unvorstellbar, dass das funktionieren konnte. Ich weigerte mich in der Beratung mehrfach, doch sie schüttelte nur den

Kopf und meinte: »Entweder oder.« Letzten Endes machte ich gute Miene zum bösen Spiel, auch wenn ich nach wie vor nicht überzeugt war. Wir löschten die Worte auf dem Papier und ich fand auch den Mut, es in Wirklichkeit zu tun.

Ich hatte die Schiffe, auf denen ich angereist war, verbrannt. So wie frühere Herrscher ihre Schiffe verbrennen ließen und sich dadurch den Fluchtweg abschnitten, wollte ich auf diese Weise meine eigene Tapferkeit und Entschlossenheit beweisen. Ich war als Trainer, Berater, Coach und Redner gekommen und flog als Speaker zurück – nun mit einer Heidenangst im Gepäck. Heute lache ich darüber, weil ich mittlerweile über 3 000 Vorträge in über 30 Ländern gehalten habe. Rückblickend ist mir klar: Es gab nichts Wichtigeres, nichts Entscheidenderes in meinem Leben – zumindest in meinem Berufsleben – als meine klare Positionierung.

Es gab nichts Wichtigeres, nichts Entscheidenderes in meinem Berufsleben als meine klare Positionierung.

Was habe ich mich am Anfang gewehrt gegen eine klare Zielrichtung, gegen eine konkrete Ausrichtung, gegen eine Positionierung! Ich war – wie so viele – ein Bauchladenträger. Ich konnte dies und das – und jenes auch noch. Ich wollte mit allen Mitteln an diesem Bauchladen festhalten. Ich klammerte mich regelrecht daran: »Wenn du das nicht mehr machst, verdienst du damit auch kein Geld mehr.« Meine Angst, nicht zu überleben, weil ich Dinge abgeben musste, war riesengroß.

Diese Angst erlebe ich heute auch noch bei so vielen Menschen. Dabei ist in Wahrheit genau dieses Streichen der große und wichtige, ja vielleicht der wichtigste Schritt, um zu wachsen. Um in einer Sache sensationell zu werden. Von Michael Schuhmacher sagt man so schön, dass er wohl in ganz vielen Sportarten sehr gut war. Aber er hat eben viele Dinge weggelassen, um in einer Sportart Weltmeister zu werden.

In der Formel 1 ist die Pole Position der ideale Startpunkt, der vorteilhafteste und erfolgversprechendste. Das wünsche ich mir auch für dich: dass du mit deinem Vorhaben und mit deinem Potenzial, also allem, was in dir steckt, Großes erreichst und deine Träume verwirklichst. Verhilf dir selbst und deinem Business zu einer Pole Position – mithilfe der passenden Positionierung!

1
Wie ich wurde, was ich bin

Limitierte Vorstellungskraft

Als ich zwölf Jahre alt war, erkrankte meine Schwester an einem Rückenmarkstumor, und von diesem Tag an waren meine Eltern, die beide als selbstständige Lebensmittelhändler mit zwei Lebensmittelgeschäften ohnehin schon am Ende ihrer Kapazitätsgrenzen waren, völlig aus dem Häuschen – und auch oft aus dem Haus. Ihr Leben bestand zu großen Teilen darin, ihre Unternehmen zu führen und meine Schwester auf eine der unzähligen Fahrten in diverse Krankenhäuser, Spezialkliniken und auch zu Geist- und Wunderheilern zu begleiten. Daher war ich ab diesem Zeitpunkt mehr oder weniger auf mich allein gestellt und wurde – spätestens nach einer Konfrontation mit meinem Lateinlehrer – zum Rebellen. Diese Rebellion zeigte sich so heftig, dass ich bald das Gymnasium verlassen musste und selbst in der Realschule nicht in der Lage war, einen Hauptschulabschluss zu schaffen. Mein letztes Jahreszeugnis, das ich – ganz im Sinne des rebellischen Geistes, der mir damals anhaftete – verbrannte, hatte einen Notendurchschnitt von 5,0. Ich bin also nicht nur einmal durchgefallen, sondern mehrfach!

Was macht man als junger Mensch, der nichts zu tun hat? Man streunt durch die Straßen. Mit 14 wackelte ich alkoholisiert durch die Freisinger Hauptstraße, setzte mich auf den Bürgersteig, lehnte mich an die Wand eines Geschäfts und ließ den Kopf hängen. Eigentlich wollte ich nur dasitzen und mangels besserer Alternativen einfach gar nichts tun. Plötzlich riss mich das klimpernde Geräusch einer Münze, die auf den Boden fiel, aus meinen Tagträumen. Hatte gerade ein Passant etwas verloren? Als ich die Augen öffnete und richtig hinschaute, lagen vor mir 50 Pfennig. (Das ist für diejenigen, die die D-Mark nicht mehr kennen, die alte Währung, also das, was heutzutage Cents sind.)

Und während ich dort saß, sollte es nicht bei dieser einen Münze bleiben. Ich erkannte: Offenbar gab es Menschen, die mich als Bettler ansahen und mir aus Mitleid etwas Kleingeld zuwarfen. Doch anstatt über diese Erkenntnis empört oder deswegen gekränkt zu sein, war ich hocherfreut über diese kinderleichte Einnahmequelle durch reine Tagträumerei und Nichtstun. Ich beschloss, so lange sitzen zu bleiben, bis ich mir etwas Vernünftiges zu essen kaufen konnte. Das dauerte tatsächlich gar nicht allzu lange und so war mein erstes Berufsbild geboren: Bettler.

Zusätzlich zum Betteln wollte ich gerne als Gläserwäscher arbeiten, was nicht zuletzt an meinem jungen Alter scheiterte. Die gesetzliche Regelung erlaubte es mir zumindest, in unserer damaligen Diskothek, dem Lindenkeller – ein wahrlich wilder Fleck –, die Gläser zwar nicht zu spülen, aber von 20 bis 22 Uhr einsammeln zu dürfen. Mein Lohn für diese zwei Stunden waren damals 5 D-Mark und Freigetränke für mich bis 22 Uhr. Ich war unheimlich stolz, mit dem Gläsereinsammeln eine weitere Einnahmequelle aufgetan zu haben. Ich war mir sicher, schon bald würde ich die Gläser nicht nur zwischen all den Menschen einsammeln, sondern sogar spülen dürfen. Rückblickend zugegeben ein recht bescheidener Traum. Doch dann zeigte sich eine noch lukrativere Einkommensquelle: der Drogenhandel. Spätestens ab diesem Zeitpunkt wusste ich, dass es Produkte mit einer großen Nachfrage gibt. Aber diese Geschichte wollen wir nicht weiter vertiefen – und ich habe auch nur mit »sanften Drogen« gehandelt. Schlimm genug! Letztlich landete ich dann doch im elterlichen Unternehmen und durfte dort Obst und Gemüse verkaufen.

- **Meine persönlichen Mindstones/Milestones**

Ich lernte durch diese Ereignisse und Erlebnisse schnell, dass es eine Vielzahl von unterschiedlichen Möglichkeiten gibt, seine Zeit zu verbringen und vor allem auch sein Geld zu verdienen.

Mein Leben im Lebensmittelladen

»Wunderschönen guten Tag, was hätten Sie denn gern?«
»Ein Pfund Tomaten bitte.«
»Ja, sehr gerne. Packe ich Ihnen gleich ein. Hier, bitteschön. Einen schönen Tag noch!«

So oder so ähnlich hätte mein Arbeitsleben aussehen können. Damals war die Welt noch nicht von Selbstbedienungswaagen und Selbstbedienungsabteilungen bevölkert. Damals war es noch normal, dass der Kunde seine Wünsche äußerte und ich als Verkäufer diese Wünsche sorgsam in Tütchen packte, abwog, auspreiste und mit einem freundlichen Lächeln dem Kunden überreichte. Ich war Tomatenverkäufer und begann, diese Tätigkeit auf solide Füße zu stellen – mit einer Lehre zum Einzelhandelskaufmann im elterlichen Unternehmen. Meine Schwester war mittlerweile verstorben – ein Wendepunkt in meinem Leben, wenn auch ohne klare Richtung –, und ich begann mit 15 Jahren, eine Leidenschaft für Lebensmittel zu entwickeln. Es war eine Zeit, in der ich versuchte, etwas über Lebensmittel, aber auch über unsere Kunden und unsere Mitarbeiter zu lernen.

Mit 19 Jahren war ich Lebensmittelhändler mit 30 Mitarbeitern, und die Belegschaft wuchs über die Jahre auf über 100 an. Was an sich keine Besonderheit war. Im Arbeitsalltag galt es, ganz normale Dinge zu berücksichtigen. Das ist grundsätzlich eines meiner größten Learnings fürs Leben: Man braucht selten Spezialwissen à la Raketenwissenschaft.

Man braucht selten Spezialwissen à la Raketenwissenschaft.

Mein Gehalt wurde damals auf 2 000 D-Mark im Monat angehoben. Mit diesem Gehaltszettel in der Tasche wusste ich: Ich war reich! Ich konnte mir jetzt alles leisten, was ich mir wünschte. Ich konnte mir gar nicht vorstellen, dass ich jemals mehr Geld verdienen könnte. Wenn mir damals jemand prophezeit hätte, dass ich eines Tages 10 000 oder 20 000 Euro pro Stunde (!) verdienen würde oder an einem Wochenende 1 Million Euro Umsatz machen könnte – ich hätte nur den Kopf geschüttelt und mich vermutlich ausgeschüttet vor Lachen.

Eines Tages lernte ich Rita kennen und verbrachte einen Teil meines Lebens mit ihr. Sie war Assistentin eines Vorstandsvorsitzenden und erzählte mir, dass ihr Chef mehr als 100 000 D-Mark, ja sogar bis zu 300 000 D-Mark im Jahr verdiente. Für mich eine schier unvorstellbare Summe. Ich brauchte lange, um meiner Freundin Glauben zu schenken. Sie musste sich täuschen, sich verhört oder irgendetwas missverstanden haben. Das konnte so doch unmöglich stimmen.

Oder vielleicht hatte ihr Chef sie auch ganz dreist angelogen. Den Gedanken hielt ich für wesentlich plausibler.

- **Meine persönlichen Mindstones/Milestones**

Rückblickend ist mir natürlich klar, wie klein mein Horizont damals war. Zu jener Zeit gab es kein Instagram, auf dem massenhaft Influencer und Selfmade-Millionäre zu sehen gewesen wären. Es war damals noch viel leichter zu glauben, dass man sich tunlichst nicht überschätzen sollte. Heute sollte es eigentlich anders sein, doch vielfach ist es das nicht, wie ich finde.

Limits im Kopf treffen nicht nur auf mich in früheren Jahren zu, das fällt mir bei so vielen Menschen auf. Wir sind eben angehalten, nicht allzu groß zu denken. Es ist schier unfassbar, wie klein wir doch in unserem Geist sind – und das unabhängig davon, ob wir so klein gehalten werden oder selbst nicht in der Lage sind, diese Größe zu entwickeln. Es ist geradezu erschreckend! Aber auch hier darf die Arroganz des Erfolgs nicht wirken. Natürlich darf ich mich heute als einen damaligen Kleingeist bezeichnen. Doch wer weiß, was andere, größere Geister über mich denken mögen oder was ich selbst in einer ferneren Zukunft rückblickend über mich denken werde.

Erfahrungen eines jungen Unternehmers

Irgendwann erweiterten wir unser Lebensmittelgeschäft, schufen eine Art Drogerieabteilung und wurden Partner eines großen Kosmetikunternehmens. Dabei war es üblich, zur Musterbesichtigung eingeladen zu werden – ein luxuriöser Tagesausflug an den Starnberger See. Dort angekommen, verfrachtete man meinen Schwager (den Witwer meiner verstorbenen Schwester und Geschäftsleitungsmitglied im Lebensmittelladen) und mich sofort mit zwei Außendienstmitarbeitern auf ein Segelboot, ausgestattet mit Leckereien, Getränken, Snacks und Alkohol. Es wurde gesegelt und ausgelassen gefeiert – aber keine einzige Order durchgeführt. Als der Tag seinen Höhepunkt erreichte und der Blutalkoholspiegel schon etwas erhöht war, hieß es, wir würden nun einen kurzen Zwischenstopp einlegen, um die Order zu machen, und danach direkt weitersegeln.

Die beiden Herren hatten das wirklich schlau eingefädelt. Keine Frage, wenn man mit Sonnenstrahlen im Gesicht und Alkohol im Blut plötzlich in einen Konferenzraum befördert wird, um die dort ausgestellte Ware einzukaufen – noch dazu in der Badehose –, dann geht das Ganze schnell. Sehr schnell sogar. Wenn man halbnackt gedrängt wird, Einkaufsentscheidungen zu fällen, noch dazu in einer dankbaren Stimmung, weil der Tag auf dem See so toll war, trifft man nicht unbedingt die cleversten Entscheidungen. Geschäftstüchtig ist etwas anderes. Wir kauften eine unfassbare Menge an Produkten, die uns später bei der Lieferung schier erschüttern sollte. Und angesichts der Rechnung waren wir der Ohnmacht nahe. Doch auch das war klug eingefädelt. Man versprach uns, wir könnten alle Produkte zurückgeben, die wir nicht verkauften. So weit, so gut. Doch wie sich herausstellen sollte, hatte das Ganze einen dicken Haken.

Es kam, wie es kommen musste: Trotz immenser Verkaufsbemühungen musste ich eines Tages darum bitten, dass man die Überbestände zurücknähme. Wir hatten Unmengen an Waren gekauft – und das war völlig in Ordnung. Es war eindeutig unser Fehler gewesen, uns von Alkohol und Sonnenschein einlullen zu lassen. Aber bei der Rücknahme wurden die Retourenscheine falsch ausgefüllt, um die zurückgenommene Ware unter der Hand auf eigene Rechnung verkaufen zu können und unsere Gutschriften zu schmälern.

Im nächsten Jahr hatten wir wieder einen Überschuss an Waren, den wir gerne zurückgeben wollten. Ich ahnte schon, was uns wieder blühen würde: Nämlich das, was im Jahr zuvor passiert war. Dass die Herren zwar die Dinge einpacken, aber nicht die gleiche Menge auf den Lieferschein eintragen würden, und wir wieder den Schaden hätten. Deswegen bat ich meinen Schwager, unbedingt mit dabei zu sein, damit wir beide kontrollieren konnten, was eingepackt und was notiert wurde, sodass wir nicht wieder übervorteilt werden konnten. Doch im entscheidenden Augenblick verabschiedete er sich in die Mittagspause. Ich weiß bis heute nicht, warum. Vielleicht hatte er nicht die Traute oder keine Lust oder ihm fehlte das Interesse am Geschäft. Wie dem auch sei – da stand ich nun allein mit diesen zwei Herren und musste wieder tatenlos zusehen, wie wir betrogen wurden. Auf mich allein gestellt fehlte mir aber schlichtweg der Mut, etwas dagegen zu unternehmen. Im tiefsten Inneren war ich entsetzt. Entsetzt über diese Ungerechtigkeit. Entsetzt über das ruchlose Verhalten dieser Leute. Und entsetzt über mich selbst und meine Untätigkeit.

So oft sagen wir nichts, weil wir uns nicht trauen, weil wir nicht an uns glauben, weil wir denken, dass es so sein muss, wie es ist.

- **Meine persönlichen Mindstones/Milestones**

Wie meine Oma schon sagte: »Entweder du machst den Mund auf oder den Geldbeutel.« Mein Glaube an das Gute im Menschen wurde ein weiteres Mal erschüttert. Es hat zwar noch viele Narben gebraucht, aber ich lernte, dass Menschen selten an mich, sondern häufig an sich selbst und ihren Vorteil dachten. Für mein weiteres Geschäftsleben zog ich für mich den Schluss: So oft sagen wir nichts, weil wir uns nicht

trauen, weil wir nicht an uns glauben, weil wir denken, dass es so sein muss, wie es ist. Oder wir reden uns ein, dass man dagegen sowieso nichts tun kann. Doch, kann man!

Weiterbildung für Führungskräfte

Mir wurde klar, dass ich als Führungskraft neben dem Wissen über Produkte und Unternehmen auch fundiertes Wissen über Menschen benötigte, das mir in der Berufsschule aber nie beigebracht worden war. Daher meldete ich mich für ein Seminar zum Thema Unternehmerenergie beim SchmidtColleg an. Ich war gerade mal 21 Jahre alt, als ich mit meinem alten, hellblauen Ford Escort auf den Parkplatz des luxuriösen Seminarhotels in Bayreuth vorfuhr. Es war das kleinste Auto auf dem Parkplatz, der sonst nur mit Luxuskarossen bestückt war. Mein Wagen sah aus, als hätte sich ein Käfer zwischen Dinosauriern verirrt. Mir war sofort klar: »Hier bin ich falsch.« Aber ich hatte nun mal schon bezahlt, also konnte ich mir auch ansehen, was der gute Mann, Herr Schmidt höchstselbst, zu sagen hatte.

Vier Tage lang wurde ich mit Begriffen, Prozessen und Vorgehensweisen bombardiert, unter denen ich mir kaum etwas vorstellen konnte. Es war prinzipiell ein gutes Seminar, es kam nur etwas zu früh für mich. Interessanterweise erzählte der Seminarleiter ständig von Dale Carnegie, dem international erfolgreichen Autor, aus dessen Feder *Wie man Freunde gewinnt* und *Sorge dich nicht – lebe!* stammten. Also beschloss ich: Wenn Herr Schmidt von Dale Carnegie gelernt hatte, dann musste ich auch zu Dale Carnegie.

- **Meine persönlichen Mindstones/Milestones**

Mir wurde klar, dass die anderen Teilnehmer, obwohl sie älter waren und größere Autos fuhren als ich und bereits zweifellos erfolgreich waren, dennoch in eines investierten: in ihre Weiterbildung. Ich tat es ihnen nach. Heute würde ich jedem uneingeschränkt raten, viele Weiterbildungsveranstaltungen zu besuchen, vor allem jenen, die ein Business starten wollen. Und dabei ist mir wichtig – Achtung, jetzt kommt ein paradox klingender Hack! –, dass wir keine Vorbereitungs- und Umsetzungsjunkies sind. Ich glaubte lange Zeit, dass ich erst dann auf ein Seminar fahren dürfte, wenn ich optimal darauf vorbereitet wäre. Das habe ich in meinem ganzen Leben noch nie geschafft – und ich habe sehr viel Geld in Weiterbildung investiert. Also, geh einfach hin, egal wo du gerade stehst. Ähnlich verhält es sich mit der Nachbereitung. Es ist eine große Mär zu glauben, dass man sich nach dem Seminar tagelang in eine Berghütte zurückziehen müsste, um das Gelernte vollumfänglich umzusetzen. Die Wahrheit ist meiner Erfahrung nach: Es bleibt immer etwas auf der Strecke, meist sogar sehr viel. Aber man nimmt auch immer direkt etwas mit – und das ist gut so.

Es bleibt immer etwas auf der Strecke, meist sogar sehr viel. Aber man nimmt auch immer direkt etwas mit – und das ist gut so.

Meine Dale-Carnegie-Reise

Schon wenige Wochen später war ich in München, zum ersten von 14 Abenden eines Kurses zum Thema Menschenführung und Persönlichkeitsentwicklung von Dale Carnegie. Eine Veranstaltung, von der ich mir eindeutig versprach zu lernen, wie man als Führungskraft mit Menschen und deren Befindlichkeiten besser umgeht.

Ich musste im Eingangsbereich des Hotels warten, denn es herrschte Unklarheit. Man meinte, dass ich die Kursgebühr noch nicht bezahlt hätte, was allerdings nicht stimmte. Doch die Klärung dauerte so lange, dass ich einige Minuten verspätet in die Veranstaltung kam, was sonst gar nicht meine Art ist.

Ich weiß nicht, welche Erfahrung für mich schlimmer war: Das Unternehmerenergie-Seminar in Bayreuth, das solide, aber für mich verfrüht gewesen war, oder diese Veranstaltung, in der schon in den ersten Minuten wie verrückt geklatscht wurde – total grundlos, total amerikanisch. Das übertriebene Klatschen war schrecklich und damals waren die Veranstalter nicht in der Lage, gut zu erklären, warum man so agierte. Doch auch in diesem Fall hatte ich leider bereits bezahlt und damit war klar, dass ich diese Veranstaltung, aus der ich am liebsten sofort geflüchtet wäre, allein des Geldes wegen durchziehen würde.

Es folgten 14 wilde Wochen, einmal pro Woche ein Abend mit all diesen Teilnehmern. Nichts hat mein Leben so sehr auf den Kopf gestellt wie dieser Kurs. Weil ich – wie jeder Teilnehmer – an jedem Abend vor dem Publikum eine Rede halten musste. Ich weiß nicht, ob es die Qualität des Kurses oder die Aufregung war, das Adrenalin, das Lampenfieber, das die wöchentlichen Redeübungen mit sich brachten, was mich zu Höchstleistungen und Veränderungen anspornte. So oder so, ich blieb hängen, wurde im nächsten Kurs Assistent der Kursleitung und machte auch den folgenden Kurs mit, wurde wieder Assistent, begann ein Assistentenhandbuch zu schreiben, und wurde dann leitender Assistent des Seminarleiters. Jahre später war ich Trainer der Trainingsorganisation Dale Carnegie Deutschland und saß im Flieger nach San Diego, um beim Jahrestreffen mit über 800 Trainern aus aller Herren Länder teilzunehmen. Dale Carnegie hatte die Organisation nach seinem Tod in die Hände seiner Frau gelegt, mit der ich damals ein Abendessen genießen durfte. Einige Jahre später wurde ich Trainerausbilder für Kommunikation und Menschenführung für Teile Europas.

Diejenigen, die das Problem sehen, haben zumindest den Mangel entdeckt und können nun nach passenden Lösungen suchen. Wer hingegen alles immer nur rosarot sieht, kann die Chancen zur Verbesserung gar nicht erkennen.

Diese Weiterentwicklung fand übrigens über Jahre hinweg zusätzlich zu meiner hauptberuflichen Tätigkeit als Lebensmittelhändler statt. Das bedeutet, tagsüber arbeitete ich von 7 bis 18 Uhr im Lebensmittelladen, stieg danach direkt und noch in Arbeitsklamotten ins Auto und fuhr von Freising nach München, damit ich um 19 Uhr als Kursleiter im Dale-Carnegie-Kurs auftreten konnte. Die Zeit war knapp, die Staus waren lang, und so war ich geübt darin, an jeder Ampel ein Kleidungsstück zu wechseln, um am Schluss statt Jeans einen Anzug zu tragen, sodass ich als Kursleiter entsprechend professionell aussah. Was für eine Hektik! Und was für ein Spaß, an den Ampeln halbnackt im Auto zu sitzen!

- **Meine persönlichen Mindstones/Milestones**

Ich glaube rückblickend, dass ich zum ersten Mal vor allem durch mein negatives Denken so erfolgreich wurde. Ja, ich gebe es zu: Ich bin ein Miesepeter, ein Meckerer. Ich finde immer das Haar in der Suppe, auch wenn gar keins drin ist. Das mag schrecklich klingen, hat aber einen entscheidenden Vorteil: Diejenigen, die das Problem sehen, haben zumindest den Mangel entdeckt und können nun nach passenden Lösungen suchen. Wer hingegen alles immer nur rosarot sieht, kann die Chancen zur Verbesserung gar nicht erkennen. Ich habe in

der damaligen Zeit so viele Mängel und Probleme gesehen, die ich schließlich auch lösen konnte, dass das ausschlaggebend für meine berufliche Karriere war.

Ein Trainer ohne Teilnehmer

Den 14-wöchigen Dale-Carnegie-Kurs »Kommunikation und Menschenführung« durfte man nach der entsprechenden Ausbildung durchführen, allerdings nur wenn man genug Anmeldungen hatte. Und für diese musste man selbst sorgen. Ich musste also notgedrungen als Telefonverkäufer tätig werden, wenn ich so ein Seminar veranstalten wollte. Als »Starthilfe« bekam ich fünf Karteikarten mit Kontaktdaten von potenziellen Interessenten.

Sehr naiv rief ich die erste Nummer an und fragte direkt: »Wollen Sie bei einem Dale-Carnegie-Kurs mitmachen?« Ich erntete logischerweise flott ein »Nein« nach dem anderen und merkte, dass ich meine Strategie ändern musste – allerdings ging mir das erst nach der vierten Karteikarte auf. Für die letzte Karteikarte überlegte ich mir etwas anderes. Ich wollte nicht mehr mit der Tür ins Haus fallen, sondern eine Basis für ein Gespräch finden, Interesse erzeugen und dann auf den Abschluss hoffen. Doch das Gespräch entwickelte sich völlig anders als erwartet. Schon zur Begrüßung erwiderte mein telefonisches Gegenüber, er sei Alkoholiker und habe an nichts Interesse. Auf Wiederhören. Und damit war der letzte potenzielle Teilnehmer passé.

Tja, und dann tat ich etwas, das für die meisten vermutlich schier unvorstellbar sein mag: Ich schlug das Telefonbuch auf und fing beim Buchstaben A an. Damals waren Cold Calls, wie man das heutzutage nennt, noch erlaubt. Zugegeben, es war mühsam, mich überhaupt dazu zu überwinden. Und es war mühsam, überhaupt jemanden zu erreichen, dann das Interesse so weit zu wecken, um überhaupt erklären zu dürfen, warum ich anrief, und schlussendlich eine Anmeldung zu erhalten. Das gestaltete sich so schwierig, dass ich Deals mit mir selbst einging. Der schlimmste und gesundheitlich geradezu gefährliche Deal war, dass ich mir immer erst dann erlaubte, auf die Toilette zu gehen, wenn ich einen Abschluss hatte. Hui, was bin ich dann manchmal aufs Klo geflitzt! Eine umsatzfördernde, aber dennoch nicht empfehlenswerte Strategie.

Leidenschaft hat nichts mit Lautstärke, überheblicher Begeisterung oder sonstigen Kampfansagen zu tun.

Letzten Endes gelang es mir durch diese und viele andere Bemühungen, einen ersten Workshop-Tag zu gestalten. Meine Veranstaltung sollte im Gelben Salon im Bayrischen Hof in München stattfinden, den ich von einer Weinprobe her kannte. Es war ein günstiger Kennenlerntag, auf dem ich dann den größeren, teureren Dale-Carnegie-Kurs verkaufen wollte. Das ist eine Strategie, die man auch »Affenfaust« nennt. Sie ist, vor allem mit digitaler Hilfe, ein probates Mittel, um hohe Umsätze zu generieren, bis in den zweistelligen Millionenbereich. Kein Witz!

- **Meine persönlichen Mindstones/Milestones**

Das führte mich zu dem, was ich heute unter Leidenschaft verstehe. Leidenschaft hat nichts mit Lautstärke, überheblicher Begeisterung oder sonstigen Kampfansagen zu tun. Leidenschaft heißt einfach, die Dinge zu Ende zu bringen – egal wo man gestartet ist, egal wo man derzeit steht und egal welche Hürden sich vor einem auftun. Es geht darum, immer einen Weg zu finden, und wenn es noch keinen Weg gibt, einen für sich zu ebnen.

Die elende Sache mit dem Flipchart

Heutzutage habe ich einen Fuhrpark mit elf Fahrzeugen, darunter Lastwagen mit Hebebühne, Sprinter, Teambusse et cetera, die bei einer Veranstaltung alle mit tonnenschweren Materialien zum Einsatz kommen. Damals war mein einziges Equipment ein Flipchart.

Ein Flipchart hätte ich für lächerliche 99 D-Mark kaufen können. Da ich aber gar nicht wusste, wie ich es zum Veranstaltungsort transportieren sollte, forderte ich es beim Bayrischen Hof an. Doch dort hatte man keine Flipcharts (wurde mir zumindest gesagt), aber man würde natürlich gerne für mich eines bei einem Dienstleister zur Miete anfordern. Gesagt, getan. Doch die Mietkosten mit An- und Abtransport lagen bei satten 140 D-Mark. Das bedeutet, dass ich 41 D-Mark mehr bezahlt habe für einen Tag Miete, als wenn ich mir ein eigenes Flipchart gekauft hätte. Ich hätte genauso gut selbst eines bestellen, dorthin liefern und am Ende stehen lassen können. Aber wahrscheinlich hätte ich dann sogar noch Entsorgungskosten dafür zahlen müssen.

Die Welt ist ein Karussell und ich war vermutlich deswegen erfolgreich, weil es in meinem Leben keinen wirklichen Plan B gab.

- **Meine persönlichen Mindstones/Milestones**

An solchen Kleinigkeiten merke ich im Rückblick, wie wenig Ahnung ich zu Beginn meiner Karriere in vielerlei Hinsicht hatte. Was mich aber nicht daran gehindert hat, dazuzulernen und mich weiterzuentwickeln. Im Gegenteil! Die Welt ist ein Karussell und ich war vermutlich deswegen erfolgreich, weil es in meinem Leben keinen wirklichen Plan B gab. Gleichzeitig brauchte ich Plan C, D, E, F, G und weitere, um

meinen Plan A zum Erfolg zu führen. Ich musste in meine Rolle hineinwachsen.

Die verflixte Frage nach der Unterhose

Es war Veranstaltungsbeginn in München, Bayrischer Hof, Gelber Salon – mit meinem gemieteten Flipchart. Ich stellte mich vor die Gruppe und sprach ein, zwei Begrüßungssätze. Wie aufgeregt, wie angespannt, wie nervös ich war! Kaum waren die ersten Worte stolperfrei aus meinem Mund gekommen, als plötzlich einer meiner Assistenten sich langsam erhob. Er war älter als ich und ein Mann, der die Dinge stets mit einer stoischen Ruhe zelebrierte. Er stand also nicht einfach auf, wie andere Menschen normalerweise aufstehen, sondern eher so, als würde ein Film in Zeitlupe ablaufen – zumindest kam es mir so vor.

Da stand er nun in seiner ganzen Größe, sodass wirklich jedem im Raum auffiel, dass er gerade aufgestanden war. Ein unsichtbares Fragezeichen hing im Raum, das konnte ich an den Gesichtern ablesen (und über meinem Kopf hingen vermutlich unzählige): »Was wird das, wenn's fertig ist? Was hat der denn jetzt zu sagen?« Er schaute mir direkt in die Augen und sagte in seiner stoischen, trockenen Art: »Hermann.« Es folgte eine Pause, die gefühlt mit der Unendlichkeit zu vergleichen war. Erst dann sprach er in aller Ruhe weiter und fragte mich: »Hermann, was für eine Unterhose hast du heute an?«

In so einem Moment weißt du nicht, ob du ein Kreuzzeichen machen sollst. Ob du dich umbringen sollst. Ob du den elenden Frager umbringen sollst. Ob du den Gelben Salon einfach wortlos verlassen sollst. Oder ob du – noch besser – direkt im Teppichboden des Gelben Salons versinken sollst.

Man kann sicher vortrefflich darüber streiten, ob es sinnvoll ist, nach gefühlten 20 Sekunden Seminarstart über die eigenen Unterhosen zu philosophieren. Aber ich hatte schlichtweg keine andere Möglichkeit, als eine Antwort darauf zu geben, was für Unterhosen ich trug. Und natürlich den anderen Anwesenden zu erklären, warum dieser Mann mich ausgerechnet nach meiner Unterhose fragte.

Das war er, der Auftakt zu meinem ersten öffentlichen, selbstorganisierten Event. Super, oder? Übrigens, ich hatte – ein Geschenk zum Fremdschämen – an dem Tag eine Boxershorts mit aufgedruckten Telefonen an. Doch wie war es überhaupt so weit gekommen, dass ich diesen – zugegeben im ersten Moment recht peinlichen – Auftritt hinlegen musste? Die Erklärung will ich dir natürlich nicht vorenthalten.

Da es bei Dale-Carnegie-Kursen üblich war, mit Assistenten zu arbeiten, hatte auch ich welche, die freiwillig dabei sein wollten. Ich hatte sie im Vorfeld der Veranstaltung zu einem Briefing einbestellt. Es wird ja immer jede Menge geschwafelt an solchen Vorbereitungstagen, das kannte ich noch aus meiner Zeit als Assistent. Also gab auch ich meiner Crew viele, wie ich hoffte nützliche Informationen, um den kommenden Tag zu einem vollen Erfolg zu machen. Unter anderem bat ich darum, dass man sich gut kleiden solle: »Kleidung ist schließlich nicht nur etwas, um nach außen zu demonstrieren, dass man sich gut und respektvoll dem anderen gegenüber verhält, sondern es hat auch etwas mit der inneren Haltung zu tun.« Ich fuhr fort, dass ich es gar nicht verstehen könne, dass es Unterwäsche gebe, die man nur an Geburtstagen anzog, und Unterwäsche, die man an Nicht-Geburtstagen trug. Sollte nicht jeder Tag genauso schön sein wie der eigene Geburts-

Scheitern ist tatsächlich kein Misserfolg, sondern ermöglicht wichtige Lernschritte zum Erfolg.

tag, sodass man täglich schöne Unterwäsche trug? »Es geht doch nicht darum, dass man ein einziges Mal gepflegt und gut gekleidet erscheint. Man sollte jeden Tag dafür sorgen, gut und gepflegt auszusehen – bis hin zur Unterwäsche.« Unterwäsche war also ein recht ausführliches Gesprächsthema gewesen, was wenig später zu dieser unerwarteten Zwischenfrage geführt hatte.

- **Meine persönlichen Mindstones/Milestones**

Rückblickend ist dieser Tag ein Erfolg geworden und selbst heute noch führe ich solche Tage durch, wenn auch mit großen Veränderungen seither. In meinem Leben ist so unendlich viel schiefgegangen, doch eines ist immer passiert: Ich habe gelernt, aus dem Guten wie aus dem vermeintlich Schlechten. Scheitern ist tatsächlich kein Misserfolg, sondern ermöglicht wichtige Lernschritte zum Erfolg. Möglicherweise müssen Meetings und Events sogar mit Unterhosen beginnen – oder zumindest mit Emotionen, Offenheit und Überraschungen –, um nicht nur die Köpfe, sondern auch die Herzen der Menschen zu öffnen.

Der Schubs ins kalte Wasser

Es gab eine Welt, die mir anfangs völlig unbekannt war: das Firmengeschäft. Das, was man heutzutage auf Neudeutsch Business to Business, kurz B2B, nennt. Ich hatte nicht die geringste Vorstellung davon, wie unendlich groß die Nachfrage von Firmen nach Trainings war. Einer von Willi Zanders Kunden war beispielsweise Siemens. Das Unternehmen hatte zum damaligen Zeitpunkt keine eigene Trainingsabteilung. Notwendige Trainings wurden also nicht selbst durchgeführt, sondern zugekauft, darunter eben auch das Dale-Carnegie-Training. Für mich begann die Zeit, in der ich Willi Zander, meinen Mentor, zu einzelnen Veranstaltungen begleiten durfte. Dabei merkte ich, wie leicht Training sein kann.

Training hat ja etwas mit Üben, Wiederholen und Verbessern zu tun. Demzufolge waren die Veranstaltungen so aufgebaut, dass es eine hohe Interaktion der Teilnehmer gab, und zwar bei weitem höher als das, was man sich heute unter Interaktion gemeinhin vorstellt. Viele Speaker glauben ja, wenn sie eine Frage stellen und die Teilnehmer bitten, per Handzeichen zu antworten, das sei Interaktion. Was es zweifelsohne auch ist. Doch die Interaktionen, die wir damals durchführten, bestanden aus Besprechungs- oder Übungsrunden, wobei jeder einzelne Teilnehmer diese Übung durchlaufen und auch Präsentationen vor der versammelten Mannschaft halten musste. Kurzum: Man konnte drei oder vier Trainingstage durchführen, ohne selbst viel liefern zu müssen. Man leitete in der Regel »nur« die Übungen an. Wenn ich das grob überschlage, lag der Input-Anteil des Trainers bei etwa 15 bis 20 Prozent, den Rest füllten die Teilnehmer ganz allein oder in Gruppen.

Um das gleich vorwegzunehmen: Das bedeutet keinesfalls, dass diese Arbeit deswegen leichter wäre. Menschen zum Mitmachen zu motivieren, den Teilnehmern die Aufgaben so zu erklären, dass sie sie verstehen und auch durchführen wollen, ist ganz schön anstrengend. Den Leuten insbesondere bei Blockaden zu helfen, dranzubleiben und es noch mal zu versuchen, ist ebenfalls eine große Herausforderung. Ich hatte und habe großen Respekt vor dieser Tätigkeit.

Irgendwann kam dann die Frage auf, wann ich mein erstes Training bei Siemens geben würde. Und wie das immer so ist: Bei Dingen, vor denen man einen Heidenrespekt hat, sagt man gern noch mal Nein und noch mal Nein und wartet noch ein bisschen ab, bis man sicherer ist, bis man mehr gelernt hat, bis der richtige Zeitpunkt gekommen ist et cetera. Reine Verzögerungstaktik – aber das war bei Willi schwer möglich. So bat er mich eines Tages, einen kleinen Part am Eröffnungstag zu übernehmen. Nur die zehn Minuten bis zur Pause.

Na ja, dachte ich, irgendwie werde ich diese zehn Minuten schon füllen, das werde ich wohl durchstehen. Ich stand also vor der Gruppe, voller Energie, bereit, diese zehn Minuten spitzenmäßig zu performen.

Wer darauf wartet, wirklich »ready« zu sein, ist längst in die Perfektionsfalle getappt.

Ich atmete noch einmal tief durch und fing an zu reden. Während ich sprach, sah ich, wie Willi sich nach ganz hinten zurückzog, dachte mir aber nichts weiter dabei. Er wollte sich vermutlich lieber im Hintergrund halten und die ganze Szenerie von dort aus beobachten. Ich werde nie den Moment vergessen, als er mir freundlich zulächelte, kurz winkte – und den Raum verließ. Die Erkenntnis traf mich aber erst in der Pause mit voller Wucht: Denn er hatte nicht gewunken, weil er mich die nächsten zehn Minuten allein lassen wollte, sondern weil er die Veranstaltung verlassen hatte! Die kommenden zwei Tage war ich also auf mich gestellt.

Brutal, aber anders wäre ich vermutlich nie ins kalte Wasser gesprungen. Und so durfte ich hautnah lernen und erleben, was es heißt, Menschen zu motivieren, Blockaden aufzulösen, sie zu trainieren und voranzubringen. So wurde ich also Business-Trainer. Und trainierte und trainierte und trainierte. Bei Siemens war ich Haus- und Hofgast, aber auch in vielen anderen Branchen war ich unterwegs.

- **Meine persönlichen Mindstones/Milestones**

Wer darauf wartet, wirklich »ready« zu sein, ist längst in die Perfektionsfalle getappt und steckt dort fest. Der Tod tritt eher ein, als dass man sich ausreichend vorbereitet fühlt. Also, nur Mut!

Meine vermeintliche Gelegenheit zur Rache

Für mich waren das großartige Zeiten, und ich wusste, ich konnte meine »Rache« an unserem Partnerunternehmen starten. Die erste Stufe meines Racheplans war, den Vertrag zu kündigen. Es bereitete mir größte Genugtuung, diesen Brief zu schreiben. Ich war stolz wie Bolle! Was ich allerdings nicht bedacht hatte, war, dass mit der Kündigung direkt das Rückgaberecht für nicht verkaufte Produkte erlosch, dabei quoll das Lager regelrecht über mit Drogerieartikeln. Ich glaube, es hat mindestens acht Jahre – gefühlte 30 Jahre – gedauert, bis all diese Produkte endlich weg waren. Da sie so schwer verkäuflich waren und ich große Schwierigkeiten damit hatte (und immer noch habe), Dinge einfach wegzuwerfen, badete ich in Unmengen von Badezusätzen, um das Zeug aufzubrauchen.

Die zweite Stufe meines Racheplans war, mir einen Porsche zu kaufen – vermutlich weil die Außendienstmitarbeiter des Kosmetikunternehmens auch solche Flitzer fuhren. Ich meldete mich auf eine Anzeige eines Gebrauchtwagenverkäufers und werde nie vergessen, wie clever dieser Mann den Verkauf eingefädelt hat: Nachdem der Verkäufer mich empfangen hatte, sagte er, der Porsche 911 Carrera stünde in der Tiefgarage, ich solle doch bitte mitkommen. Dort bat er mich zu warten, bis er den Wagen aus der Parklücke herausgefahren hatte, und dann erst einzusteigen. Rückblickend bin ich mir sehr sicher, dass er genau wusste, warum er das genau so tat, wie er es tat.

Man muss Begehrlichkeiten wecken, man muss das sein, was die Leute wollen, oder das verkaufen, was sie sich im Innersten wünschen.

Ich stand also nun in dieser Tiefgarage vor diesem Porsche, voller Ehrfurcht, Angst, Mut und Schrecken. Er setzte sich hinein – und startete den Motor dieses damals noch luftgekühlten ratternden, knatternden Porsche 911. Der Hall wurde von den Mauern so sehr verdichtet, verstärkt und zurückgeschlagen, der Sound fraß sich regelrecht in meine Ohren und in mein Herz, sodass ich in dieser Sekunde zu mir sagte: »Meins!«

- **Meine persönlichen Mindstones/Milestones**

Eines meiner wichtigsten Learnings – nicht nur für den Verkauf von Autos – lautet: Man muss Begehrlichkeiten wecken, man muss das sein, was die Leute wollen, oder das verkaufen, was sie sich im Innersten wünschen. Wer ein Gänsehaut-Feeling erzeugen kann, hat im Grunde schon gewonnen. Oder anders ausgedrückt: If they cry, they buy!

Mein Dasein im Hamsterrad und die Entscheidung, Speaker zu werden

Meinen neuen, überaus flotten fahrbaren Untersatz konnte ich sehr gut gebrauchen, denn mittlerweile war ich von Sonntag bis Freitag jeden Tag bei Siemens. Genauer: in einem Landgasthaus in der Nähe von Nürnberg. Dieses Landgasthaus war eines der ausgewählten Hotels, in denen die Trainings durchgeführt wurden. Da ich als Trainer mittlerweile über 200 Nächte dort verbracht hatte, durfte ich tatsächlich immer in der Hochzeitssuite schlafen. Was wunderbar passte, denn samstags gab es kein Training, da durften dann die Hochzeitspaare nächtigen, die sonst in unserem Tagungsraum – der in Wirklichkeit der Festsaal war –, ihre Hochzeit gefeiert hatten.

Daneben hatte ich immer noch ein Lebensmittelgeschäft, das ich versuchte, ab und zu noch zu besuchen, und dazu kamen an mehreren Abenden in München meine Dale-Carnegie-Veranstaltungen. Es war ein irrer Zeitdruck damals. Ich hatte bis 17 Uhr Training in Adelshausen und sollte eigentlich um 18 Uhr in München vor Ort sein. Jeder Tag war ein Wettlauf mit der Zeit. Selbst einen Tankstopp hätte ich mir nicht erlauben können, wenn ich pünktlich ankommen wollte. Ich gewöhnte mir daher an, alles Mögliche in der Mittagspause zu erledigen. Nicht nur volltanken, sondern auch telefonieren, etwa mit Kunden sprechen oder die Weinbestellung durchgeben. Ganz zu schweigen von der Vorbereitung der nächsten Seminarstufe und Flipcharts und sonstigen Dingen, die zu organisieren waren.

Also saß ich oft in irgendeiner Tagungstoilette – damals noch als Raucher – und versuchte, alles auf einmal zu »erledigen«: auf der Toilette zu sitzen, ein belegtes Brötchen herunterzuschlingen, danach die eine oder andere Zigarette zu rauchen und parallel dazu Telefonate zu führen.

So sah mein Leben jahrelang aus: vormittags Training, mittags die Pause bestmöglich für Organisatorisches nutzen und dann noch schnell das Auto volltanken. Nachmittags Training, dann mit dem Auto nach München düsen. Dort wieder trainieren, nach Trainingsende wieder zurück nach Nürnberg, um erschöpft gegen 1:30 Uhr (oder noch später) zu versuchen, in den Schlaf zu finden. Nachdem ich zwei Jahre fast einzig und allein im Festsaal oder in der Hochzeitssuite des Landgasthofs verbracht hatte, bat ich darum, mich von Siemens abzuziehen, sodass ich auch noch andere Trainings durchführen könnte.

Nach vielen Jahren bei Dale Carnegie wollte ich eine Veranstaltung mit einem Fremdredner machen. Meine Wahl fiel auf Arthur Lassen, damals unheimlich bekannt aufgrund seines Buchs *Heute ist dein bester Tag* und einer der bedeutendsten Motivations- und Erfolgstrainer Europas. Sein größtes Anliegen war es, aufzuzeigen und zu trainieren, welche wunderbaren Möglichkeiten in jedem Menschen stecken, um gelassener, lebensfroher, gesünder und erfolgreicher zu leben.

In motivierenden Trainings und mitreißenden, praxisnahen Vorträgen begeisterte er viele Jahre unzählige Teilnehmer in Deutschland, Österreich, der Schweiz, auf Gran Canaria und in den USA. Arthur und seine Bücher verkauften sich gut, sogar sehr gut. Ich selbst hatte immer Dutzende, wenn nicht sogar Hunderte von Büchern im Keller, um sie an den Mann oder an die Frau zu bringen. Da ich selbst damals noch kein eigenes publiziert hatte, war ich dankbar, dass ich mit anderen Büchern handeln konnte.

Arthurs Tagessatz lag bei 5 000 D-Mark netto plus Reisekosten. Ich hatte für diesen Tag aber gerade einmal 50 Teilnehmer akquirieren können; es war ein mühsames Unterfangen gewesen. Doch diese Menschen waren immerhin bereit, für die Teilnahme 99 Euro zu investieren. Man braucht wahrlich keine guten Noten in Mathematik, um auszurechnen, dass die Ticketpreise noch nicht einmal das Honorar des Redners abdeckten. Hinzu kamen die gesamte Organisation, der Verkaufsaufwand, der Buchungsaufwand, die Hotelkosten, die Verpflegung, das Mittagessen und meine eigene Leistung. Also war klar: Das würde ein Verlustgeschäft werden. Ich fühlte mich so gedemütigt, weil ich so viel Energie, Lebenskraft und Lebenszeit in dieses Projekt gesteckt hatte. Die Erkenntnis, dass ich am Abend mit weniger Geld rausgehen würde, als ich reingegangen war, schob ich weit von mir, um diesen Tag trotz allem voller Motivation und Energie durchzuziehen.

Der Schlüssel zum Erfolg ist Unzufriedenheit.

Geplant war, dass Arthur Lassen nach dem Mittagessen von 13 bis 14 Uhr einen Vortrag hielt. Das tat er dann auch. Er erzählte ein paar schöne Geschichten, riss ein paar Witze, machte eine Übung mit den Anwesenden und wurde eine Stunde später unter tosendem Applaus verabschiedet. Jeder Teilnehmer kaufte im Anschluss im Schnitt zwei seiner

Bücher. Seine Publikationen kosteten damals so um die 50 D-Mark. Demzufolge generierte Arthur allein einen Buchumsatz von 5 000 D-Mark. Mein Vortragsredner ging also mit 10 000 D-Mark nach Hause, während ich als Veranstalter Miese machte. Na, herzlichen Glückwunsch …

Was hatte ich allein an diesem Tag geschuftet! Von 9 bis 12 Uhr und von 14 bis 17 Uhr, um den Menschen etwas beizubringen und etwas zu bewirken. Arthur war nur 60 Minuten auf der Bühne – aber bekam mehr Applaus und mehr Geld.

- **Meine persönlichen Mindstones/Milestones**

An diesem Abend wurde mir klar, dass es merkliche Unterschiede gibt zwischen einem Trainer und einem Speaker. Und dass ich ebenfalls in die Liga eines Arthur Lassen aufsteigen wollte, der übrigens Jahre später einen wahren Rednertod gestorben ist: Sein letzter Vortrag »HEUTE ist mein bester Tag« fand am 13. September 2000 statt, bei dem er auf der Bühne von uns ging. Für immer.

Zudem ist mir klar geworden: Nach oben scheint es im Leben keine Grenze zu geben. Die einen predigen Dankbarkeit als Schlüssel zum Glück. Dem kann ich ausdrücklich zustimmen. Doch der Schlüssel zum Erfolg ist Unzufriedenheit. Oder wie die Amerikaner sagen: »You must be hungry.«

Meine Sitzung beim Astrologen

Die Großen in der Speaker-Branche hatten sich Ende der 1990er-Jahre, als ich die ersten Schritte in diesem Metier wagte, einen Namen gemacht, waren bekannt, waren sichtbar. Sie konnten zum Teil exorbitante Honorare verlangen, waren reich, konnten sich alles leisten, was sie nur wollten. All das wünschte ich mir auch. Ich, ein junger Mann ohne Schulabschluss, aber mit ganz vielen Träumen im Gepäck. Die entscheidende Frage war: Wie ließen sich diese Träume verwirklichen?

Tja, ich wusste, dass all diese großartigen Persönlichkeiten Bücher geschrieben hatten, also dachte ich mir, es sollte auch ein Buch geben, auf dem mein Name als Autor stand. Aber wie sollte ich das bloß anstellen – wie sollte ich ein Buch schreiben? Hatte ich das überhaupt drauf? Ich hatte keinen blassen Schimmer. Irgendwann war ich so verzweifelt, dass es mich auf der Suche nach einer Antwort sogar zu einem Astrologen verschlug.

Da saß ich nun vor diesem Mann und wollte von ihm wissen, ob ich wohl das Zeug zum Autor hätte. Er erzählte mir in dieser sündhaft teuren Sitzung dann etwas über eine gute Konstellation zum Buchschreiben und dass ich wohl dazu in der Lage wäre. Na, das hörte ich doch gerne! »Aber«, fuhr er direkt fort, »Sie werden es nicht schaffen, ein Buch zu schreiben.« Was zum Geier sollte das denn nun bedeuten?! Offensichtlich manifestierten sich meine mentalen Fragezeichen auch in meinem Gesichtsausdruck, denn er schob gleich eine Erklärung hinterher: »Herr Scherer, Sie sind ein Aufreißer, ein Pionier, ein Losleger, ein Macher. Aber Sie sind eben kein Zu-Ende-Bringer. Sie lieben den Anfang, aber Sie hassen das Ende.«

Wie recht er hatte! Wie sehr ich mich in dem Moment erkannt fühlte! Dieser Astrologe sprach genau das laut aus, was mir nie über die Lippen kommen würde: meine absolute Unfähigkeit, Dinge zu Ende zu bringen. Selbst meine Eltern hatten mir schon immer vorgeworfen, dass ich ein Spiel begann, aber nie zu Ende spielte. Oder etwas aufbaute, aber nie damit fertig wurde. Begann etwas zu tun, aber nicht durchzog. In meinem Liebesleben war es ähnlich: Eine neue Freundin zu haben, war großartig. Aber es mit ihr über einen längeren Zeitraum auszuhalten, war meist ein Drama.

Es ist wie mit so vielem: Reich sein ist großartig, reich werden ist anstrengend. Schlank sein ist großartig, schlank werden eine Tortur. Erfolgreich sein ist wunderbar, erfolgreich werden dagegen knifflig. Auch die Vorstellung, ein eigenes Buch zu haben, war sensationell, und einen tollen Titel zu kreieren ebenso. Aber es wirklich zu schreiben, sollte eines der grauenhaftesten Dinge in meinem Leben werden.

Ich wollte schon resigniert aufgeben, als der Astrologe dem Ganzen noch eine positive Wendung gab. »Sie können sich selbst austricksen«, verkündete er. Sofort war ich hellhörig. Er fuhr fort: »Schreiben Sie immer nur ein einziges Kapitel. Für ein Kapitel mit 15 oder 20 Seiten reichen Ihre Disziplin und Konzentration aus. Immer wenn Sie eins fertig haben, schreiben Sie das nächste. Wenn Sie zwölf Kapitel haben, dann haben Sie ein Buch.« Genau so habe ich es dann auch gemacht. Ich begann mein erstes Buch als ein einziges Kapitel zu schreiben. Die restlichen elf Kapitel des Buchs stammten dann noch nicht einmal von mir, sondern ich lud ein paar der großen Namen ein, mitzuschreiben.

Das war mein Plan: Ich dachte, wenn ein Buch aus zwölf großen Namen bestünde – genau genommen aus elf großen Namen und meiner Wenigkeit – dann würde es den (wenn auch unberechtigten) Eindruck erwecken, dass auch ich schon einer dieser Großen sei. So kam der Sammelband *Von den Besten profitieren* im Jahr 2001 auf den Markt, in dem ich auf knapp 20 Seiten eine Rolle spiele, und elf andere großartige Namen den Rest füllen. Nun war ich verblüffenderweise tatsächlich Autor und gleichzeitig Herausgeber meines ersten Buchs, das angesichts dieser Umstände noch nicht einmal so erfolglos blieb.

Diese grundlegende Herangehensweise habe ich mir übrigens bis heute beim Bücherschreiben bewahrt. Da meine Konzentration und mein Durchhaltevermögen sich nicht verbessert haben, schreibe ich immer nur ein Kapitel, und dann ein weiteres, und dann irgendwie noch eins. Deswegen, und weil die Kapitel oftmals recht wahllos sind, fehlt – das muss ich ehrlich zugeben –, in den meisten meiner Bücher ein roter Faden. Es gibt keine richtige Struktur, keine nachvollziehbare Logik. Ich denke, dass das in diesem Buch (und ein paar anderen) anders ist. Meine allgemeineren Bücher wie *Glückskinder*, *Schatzfinder* oder *Fokus* waren jedoch selbst als Aneinanderreihung von mehr oder weniger zusammenhanglosen Kapiteln erfolgreich; alle drei wurden *Spiegel*-Bestseller. Ich bekomme glücklicherweise wenig Kritiken zu meinen Büchern, aber wenn doch, dann geht es meist um den fehlenden roten Faden, die mangelnde Struktur, das etwas willkürliche System.

Die größte Kunst liegt darin, mit der eigenen Imperfektion zurechtzukommen.

- **Meine persönlichen Mindstones/Milestones**

Wir sind eben, wie wir sind. Statt ein Leben lang zu versuchen, unsere Schwächen auszumerzen, ist es erfolgversprechender, diese so zu belassen, weiterzumachen und unsere Stärken weiter auszuspielen. Die größte Kunst liegt darin, mit der eigenen Imperfektion zurechtzukommen.

Mein unerwarteter Schuldenberg

Als mein Vater 70 Jahre alt wurde, kam er auf mich zu und sagte: »Hermann, es wird Zeit, dir das Erbe zu überreichen.«

Ich fand das großartig und erwiderte: »Vater, ich mag die Art, wie du denkst.«

Mein Vater erklärte mir, dass zum Erbe einer der Lebensmittelläden gehörte sowie das dazugehörige Geschäftshaus mit einem Gesamtwert von rund 1 Million D-Mark. Das hörte sich doch hervorragend an! Doch dann begann er zu zittern und zu stottern und gestand mir, dass ich mit dem Erbe jedoch nicht nur das Haus bekäme, sondern auch die dazugehörigen Verbindlichkeiten und Schulden. Diese beliefen sich auf satte 4,8 Millionen D-Mark. Puh! Nun werden sich viele fragen: Warum übernimmt man so etwas? Ich glaube, das kann man – zumindest in meinem Fall – nicht mit Logik erklären. Es war vielleicht ein Zeichen der Liebe, vermutlich auch die Sehnsucht nach Liebe, aber ansonsten eine Mischung aus einer großen Portion Selbstüberschätzung gepaart mit schierer Unwissenheit und zweifelsohne einer ordentlichen Prise Dummheit. Und so stand ich mit 33 Jahren mit einem Schuldenberg von fast 5 Millionen D-Mark da.

Wie soll man mit so hohen Schulden umgehen, wenn man, so wie ich, noch nie mit hohen Zahlen zu jonglieren hatte? Ich wusste nicht, was ich als Nächstes tun sollte und ging wohl auch durch die typischen vier Phasen einer Krise. Zuerst der Schock. Es machte sich inneres Chaos breit, ich fühlte mich wie gelähmt, versuchte krampfhaft, die Realität und somit auch den Krisenzustand vor mir zu verleugnen. Ich war völlig hilflos und saß einige Tage einfach nur da. Allmählich sickerte die Realität in mein Bewusstsein – mit chaotischen Emotionen von Angst über Hilflosigkeit bis hin zu Kontrollverlust. Dann begann ich, wie ein Verrückter zu arbeiten. In dieser Zeit bewirkte ich für meine Verhältnisse Großartiges und konnte tatsächlich Schulden abbauen. Doch der Schrecken ließ nicht lange auf sich warten. Ungefähr zwei mühevolle Jahre später rief die Bank an und man sagte mir, dass ich enorm fleißig gewesen sei. Doch wenn ich in diesem Tempo weiterarbeiten würde, wäre ich erst in 137 Jahren schuldenfrei. Das bedeutete, meinen Kindern und vielleicht sogar Kindeskindern eine Schuldenlast aufzubürden – und das kam für mich überhaupt nicht infrage.

Damals kannte ich alternative Auswege aus so hohen Schulden nicht. Die Möglichkeit, Insolvenz anzumelden, war mir nicht bekannt und auch niemals von einem Sachbearbeiter oder im Bekanntenkreis als Lösung vorgeschlagen worden. Doch mal abgesehen von meinem damaligen Unwissen – und so dumm und unglaublich es für manche Ohren vielleicht klingen mag –, ich hätte mich niemals mit einer Insolvenz anfreunden können. Es waren ja schließlich *meine* Schulden, die ich, wenn auch durch Naivität, freiwillig mit dem Notarvertrag angenommen hatte. Also war ich höchstselbst dafür verantwortlich, diesen Schuldenberg abzutragen. Aber es war auch klar, dass mein Einkommen als Lebensmittelhändler und Trainer nicht ausreichen würde, um die Schulden in absehbarer Zeit zu begleichen. Ab diesem Zeitpunkt war ich der Redner mit Lebensmittelladen – oder besser gesagt ein Lebensmittelladenbesitzer, der unbedingt Redner werden wollte.

Ich wollte in meiner Branche weithin sichtbar sein. Der Leuchtturm mit dem Licht, das anderen die Richtung weist.

In der nächsten Zeit hatte ich einige wenige Speaking-Aufträge, die mich jedoch mehr Kraft kosteten, als sie mir einbrachten – in jeder Hinsicht. Doch ich hatte mir eben in den Kopf gesetzt, Redner zu werden; ein Entschluss, der völlig verrückt schien, mir große Qualen und Sorgen bereitete und noch dazu Misserfolge nach sich zog. Aber so war es nun einmal und ich wollte es jetzt wissen. Meine damalige Lebenspartnerin bekam natürlich hautnah mit, wie es mir ging, im Lebensmittelgeschäft mit unendlich vielen Schulden und im Speaking-Geschäft, das alles andere als erfolgreich war.

Eines Tages fragte sie mich: »Hermann, was willst du eigentlich aus deinem Leben machen?«

Da ich nicht genau wusste, was ich sagen sollte, antwortete ich: »Ich will berühmt werden.«

Sie schüttelte daraufhin nur den Kopf. Damit konnte sie gar nichts anfangen und war wenige Tage später aus meinem Leben verschwunden.

Dabei wollte ich eigentlich gar nicht berühmt werden. Es war nie mein Ziel, ein Star zu sein, Fans oder Groupies um mich herum zu haben, weil ich diese Welt nie verstanden habe. Aber das Wort »berühmt« war damals der einzige greifbare Begriff in meinem Kopf, die Ersatzbeschreibung für das, was ich eigentlich sein wollte – und das, was ich heute bin, für viele mache und in diesem Buch beschreibe: Ich wollte positioniert sein. Ich wollte eine Position innehaben, die wichtig war für mich, aber noch viel entscheidender, wichtig war für meine Kunden, damit sie mich sehen konnten. Ich wollte in meiner Branche weithin sichtbar sein. Der Leuchtturm mit dem Licht, das anderen die Richtung weist.

Heute weiß ich auch, dass der Markt Blaupausen bereithält. Es ist wie Malen nach Zahlen, wenn man das Prinzip erst einmal verstanden hat.

Im Jahr 2012 veröffentlichte ich dann auch das erste Buch in Deutschland zu diesem Thema: *Der Weg zum Top-Speaker*. Dies löste eine Revolution in Österreich, in der Schweiz und in Deutschland aus und war gleichzeitig die Grundlage für eine neue Branche. Doch da dieser Markt kaum existierte, gab es kaum jemanden, der darin Erfahrung hatte, geschweige denn bereit war, seine Learnings zu teilen. So galt es damals, sich dieses wertvolle Wissen durch das Trial-and-Error-Prinzip anzueignen, also durch eigene Fehler. Ich scheute mich nicht, zu allen möglichen Beratern, Coaches und Experten zu reisen, von denen ich glaubte, dass sie mir irgendwie helfen konnten.

- **Meine persönlichen Mindstones/Milestones**

Positionierung ist ein so wichtiges Tool. Heute weiß ich das. Damals war mir das noch nicht klar. Heute weiß ich auch, dass der Markt Blaupausen bereithält. Es ist wie Malen nach Zahlen, wenn man das Prinzip erst einmal verstanden hat. Das ist einer der Gründe, warum es mir gelungen ist, so viele Menschen über die Jahre zu beraten und zu begleiten. Viele von ihnen haben ihre Pole Position gefunden und sind durchgestartet.

Der Boom in der Speaker-Branche

Ausgerechnet in der Corona-Zeit – in einer Zeit, in der wir alle mit Lockdowns, Beschränkungen, Restriktionen und neuen Verhaltensregeln konfrontiert waren – boomte das Speaking-Business. Ich weiß, das klingt erst einmal total verrückt, aber es ist wahr, ich kann es bezeugen. Es wäre für viele vermutlich logischer und nachvollziehbarer, wenn auch dieser Bereich einen totalen Crash hingelegt hätte, da Veranstaltungen, Seminare & Co. lange Zeit abgesagt und geradezu undenkbar waren. Nebenbei bemerkt erlebe ich auch unabhängig von Corona regelmäßig, dass die Leute schier nicht glauben können, dass man im Speaking-Business Millionenumsätze generieren kann und dieser Markt ein Multi-Milliarden-Markt ist. Selbst wenn ich eindeutige Erfolgsbeispiele präsentiere, schütteln viele weiterhin den Kopf nach dem Motto »Das kann ja gar nicht sein«.

Der Knackpunkt ist: Wenn Menschen glauben, dass etwas nicht sein kann, versuchen sie es erst gar nicht – zum Beispiel eine Speaker-Karriere zu starten –, und weil sie es nicht versuchen, findet es zumindest in ihrem Leben auch nicht statt. Somit behalten sie letzten Endes in ihren Augen Recht, denn sie haben sich ja gesagt und erfolgreich eingeredet, dass das alles gar nicht sein kann. Eine selbsterfüllende Prophezeiung par excellence und ein Glaubenssatz, der in meinem Denken und Handeln schlichtweg keinen Platz und keine Daseinsberechtigung hat.

Diesen negativen Effekt konnte man in der Corona-Zeit bei einem beachtlichen Teil der Vortragsredner, Coaches, Berater, Trainer (etabliert ebenso wie in spe) sehen. Sie jammerten und lamentierten: »Oh, ich kann ja jetzt gar nicht (mehr) beraten, coachen, speaken, trainieren – wegen Corona« und zogen sich in ihr Schneckenhaus zurück. Dort jammerten sie weiter und waren traurig oder wütend über die Gesamtsituation. Klar, schließlich hatten sie keine Aufträge und so erfüllte sich ihre Prophezeiung: Sie konnten ihrer eigentlichen Tätigkeit nicht (mehr) nachgehen.

Auf der anderen Seite gab es eine ganze Menge von Menschen, die gerade in jener Zeit – und ich habe das mehrfach erlebt – mehr gebucht waren denn je. Aus meiner Erfahrung heraus hat die Nachfrage im B2B-Bereich, also im klassischen Buchungsbereich, wo Unternehmen für Mitarbeiter oder Kunden Redner und Experten buchen, alles in allem zugenommen. Keine Frage, es sind natürlich eine ganze Menge Präsenzveranstaltungen aufgrund der Corona-Pandemie und deren Nachwirkungen ausgefallen. Aber es war schon bald deutlich spürbar: Die Sehnsucht nach Live-Events war groß, sodass sehr viele Menschen sich schon darauf freuten, dass es endlich wieder losging.

An dieser Stelle möchte ich daher gerne ein Dutzend Gründe aufzählen (die Liste ist sicherlich unvollständig, aber für einen ersten Einblick reicht es), warum wir im Speaker-Markt diesen Boom erlebt haben und weiterhin erleben.

1. Menschen müssen kommunizieren.
Der erste Grund ist total banal: Natürlich müssen Menschen nach wie vor kommunizieren, Corona hin oder her. Die Chefin muss mit ihren Mitarbeitern reden, der Verkäufer mit seinen Kunden. Kontakte waren schon immer wichtig und bleiben es auch. Das heißt, daran hat sich nichts geändert.

2. Menschen müssen in Ausnahmesituationen mehr kommunizieren als sonst.
In der Corona-Zeit durfte und musste noch mehr kommuniziert werden als vorher, wie immer in Krisenzeiten. Gesetzesentwürfe und Vorgaben änderten sich ja fast wöchentlich, daher gab es logischerweise einen wesentlich größeren Kommunikationsbedarf, wie man denn mit der aktuellen oder wieder aktuellen oder neuen Situation umgehen solle.

3. Stark eingeschränkte Kommunikationswege müssen ersetzt werden.
Natürlich musste man erst recht mit den Menschen kommunizieren, wenn sie im Homeoffice saßen, denn neben den Meetings im Büro, die durch den Lockdown weggefallen waren, kam hinzu, dass ganz viele Menschen nun auch nicht mehr am Kaffeeautomaten im Flur oder sonst wo stehen blieben, um sich über den kurzen Dienstweg auszutauschen.

All das sind schon mal Kommunikationsmöglichkeiten, die durch externe Redner besetzt oder zumindest angereichert werden können. Der vierte Punkt macht das Ganze aber noch spannender und die Entwicklung einleuchtender.

4. In Krisenzeiten kann die Motivation rasch sinken.
Zum einen glaube ich, war die Corona-Pandemie keine Situation, in der viele Menschen eine große Eigenmotivation entwickelt haben, zum anderen ist es leider erwiesen, dass Home-

office – so schön es für manche klingt oder ist, von zu Hause aus zu arbeiten –, nicht unbedingt zur Motivation beiträgt nach dem Motto »Ich mache mal schnell mit meinem Kollegen gegenüber eine Challenge«. In dem Zusammenhang kommen Vorträge, vielleicht Impulsvorträge oder kurze Geschichten von spannenden Gastrednern ins Spiel, um die Motivation hochzuhalten. Und da brauchen wir gar nicht darüber reden, dass es viel günstiger ist, einen Gastredner per Zoom irgendwo zuzuschalten, um die Motivation im Homeoffice zu erhöhen, anstatt die Motivation im Keller zu belassen und damit Leistungsverluste in Kauf zu nehmen.

5. Team-Kommunikation ist ein entscheidender Faktor.
Es ist ja nicht so, dass Speaker, Berater und Coaches immer für die gesamte Belegschaft gebucht werden. Zumindest in größeren Unternehmen gibt es in der Regel unterschiedliche Bereiche oder Ressorts mit entsprechenden Führungskräften und großen Teams, die eigenverantwortlich für ihre Gruppe oder ihr Team einen Speaker oder eine andere Art von Experten buchen – zu den unterschiedlichsten Themen.

6. Rituale wollen beibehalten werden.
Wenn ein Unternehmen jeden Januar einen Kick-off gemacht hat, wird es sehr wahrscheinlich auch im kommenden Januar einen machen, unabhängig davon ob noch Corona ist oder wir schon in einer ganz anderen Krise stecken.

Viele Firmen veranstalteten während der Pandemie zum Beispiel »virtuelle Weihnachten«, um die Mitarbeiter nicht sang- und klanglos in die Weihnachtszeit zu entlassen. Es gibt ja viele Anbieter für »Weihnachten to go«, egal ob dann ein Adventskalender verschickt wird oder zwei Dosen Bier oder ein paar Plätzchen und Glühwein. Bereichsleiter, Vorgesetzte und andere Führungskräfte haben bei solchen virtuellen Events gar nicht so viel zu erzählen. Man bedankt sich für die tolle Zusammenarbeit, wünscht allen frohe Weihnachten und prostet sich mit der Glühweintasse aus der Ferne zu. Das allein rechtfertigt aber in vielen Unternehmen keinen Call, es werden daher – wie bei Präsenzveranstaltungen bisher üblich – externe Leute, also Redner, Experten et cetera dazugebucht. Als Entertainment-Faktor.

7. Krisenzeiten schaffen neue Rituale.
Gleichzeitig erlebten wir, dass so etwas auch ein Anlass sein konnte, neue Rituale zu schaffen. Warum nicht mal einen speziellen Breaker machen? Ein gemeinsames Feierabendbier etablieren? Warum nicht sogar mal mit tausend Mitarbeitern, einem Feierabendbier und einem Gastredner tatsächlich etwas ganz Neues ausprobieren?

8. Viele Organisationen müssen bestimmte Veranstaltungen durchführen.
Nehmen wir als Beispiel die Verbände. Da wären allein über 15 000 in Deutschland relevant, die Veranstaltungen durchführen müssen, also gesetzlich gezwungen sind, das zu tun. Warum? In der Regel wird die Führungseinheit, also die Präsidenten, die Vorstände von Verbänden, einmal im Jahr für die vergangene Arbeit durch die Verbandsmitglieder »entlastet« (sofern alles in Ordnung ist). Gleichzeitig wird dasselbe oder ein anderes Team gewählt und für das neue Jahr eingesetzt. All das muss in Abstimmungsverfahren durchgeführt werden, das ist gesetzlich vorgeschrieben. Dies wird in der Regel in Präsenz- und neuerdings auch in Digitalveranstaltungen durchgeführt. Und auch da darf es gerne ein wenig »Garnitur« geben. Da kommen – wieder einmal – die externen Speaker ins Spiel.

9. Kürzere Redezeit bedeutet größere Nachfrage.
Bei Präsenzveranstaltungen wird ein Redner gern für 90 Minuten eingesetzt, das ist der typische Zeitraum zwischen zwei Pausen. Es kann auch nur mal eine Stunde sein, manchmal sogar noch kürzer. Dennoch wird die durchschnittliche Buchungsdauer eines Speakers in Präsenzveranstaltungen bei etwa einer Stunde liegen; bei Rednern in Digitalveranstaltungen ist es wesentlich weniger. Es gibt diesbezüglich noch keine verifizierten Werte, eine Redneragentur schätzte es mir gegenüber auf eine halbe Stunde.

Das bedeutet: Wenn ein Veranstalter eine Stunde füllen will, bucht er für eine Präsenzveranstaltung einen Redner, für eine Digitalveranstaltung zwei. Also gibt es eine größere Nachfrage als früher.

10. Es gibt neue Lernfelder.
Wie gehe ich eigentlich um mit Hygienemaßnahmen? Wie gehe ich um mit Homeoffice? Wie gehe ich um mit den digitalen Medien, die ich so in dieser Art und Weise noch nicht bedient habe? Die vielseitigen Veränderungen durch die Corona-Krise werfen Fragen über Fragen auf, die beantwortet werden wollen. Und das geht am besten durch Experten, Coaches, Redner, die Wissen vermitteln, Erfahrungen teilen, Know-how auf einem bestimmten Gebiet mitbringen.

11. Viele Unternehmen sind neugierig und lernbereit.
Ich glaube, dass es sehr viele neugierige Unternehmen gibt, die offen sagen: »Lasst uns mal ausprobieren, wie das eigentlich geht.« Viele Firmen können es sich ohnehin nicht mehr leisten, die Digitalisierung weiterhin zu ignorieren, während die Konkurrenten davonrauschen. Auch wenn, glaube ich, viele einfach mal ausprobieren, so etwas zu tun. Und wenn es nur zur Verbesserung der Lernkurve ist.

12. Digitale Events sparen Reisekosten und Spesen.
Und damit kommen wir zum letzten Punkt dieses Dutzends: die nicht anfallenden Reisekosten. Ganz klar, ein Unternehmen, das 500 Außendienstmitarbeiter in Deutschland hat, hat natürlich bei einer Präsenzveranstaltung letztlich 500 Menschen die Anreise per Flugzeug, Bus oder Zug zu bezahlen plus Übernachtungen plus andere Reisekosten plus eventuelle Überstunden aufgrund des geplanten Events. Das sind enorme Kosten, die bei einer digitalen Veranstaltung entfallen. Diese Ausgaben spart sich das Unternehmen dann auch beim Redner. Das ist in gewisser Weise schade für die Teilnehmer und Speaker, weil sie so weniger von der Welt live und in Farbe sehen. Aber unter wirtschaftlichen Gesichtspunkten ist diese Haltung nachvollziehbar.

Während die einen in Krisenzeiten den Kopf einziehen, schaffen die anderen Grundlagen für neue Erfolge.

- **Meine persönlichen Mindstones/Milestones**

Es klingt nach Tellerwäscher-Romantik und dennoch ist es wahr: Während die einen in Krisenzeiten den Kopf einziehen, schaffen die anderen Grundlagen für neue Erfolge. Betriebswirtschaftlich gesehen gibt es keine Probleme. Jedes vermeintliche Problem ist in Wirklichkeit ein neues Produkt, eine neue Dienstleistung, ein neues Unternehmen und in jedem Fall eine neue Chance.

Deine Lebensinventur als Ausgangspunkt

Steve Jobs erklärte 2005 in einer Ansprache an der Stanford University, dass viele Dinge im Leben auf den ersten Blick zusammenhanglos erscheinen und erst wesentlich später einen Sinn ergeben: »Man kann die Punkte nicht in der Vorausschau verbinden; man kann sie nur im Rückblick verbinden. [...] Du musst auf etwas vertrauen – dein Bauchgefühl, das Schicksal, das Leben, das Karma, was auch immer. Dieser Ansatz hat mich noch nie im Stich gelassen, und er hat in meinem Leben den entscheidenden Unterschied gemacht.«[4] So belegte Jobs, nachdem er sein Studium nach nur sechs Monaten abgebrochen hatte, beispielsweise einen Kalligrafie-Kurs, weil ihm die Plakate auf dem Campus so gut gefielen und er beschlossen hatte, sich seine Kurse nur noch nach Interesse auszusuchen. Damals konnte er nicht ahnen, dass dieses Wissen seinem späteren Business zugutekommen würde. Erst ein Jahrzehnt später, als es bei Apple um Design, Schrift und Form ging, wurde ihm der Zusammenhang bewusst: »Hätte ich diesen einen Kurs an der Uni nicht besucht, hätte der Mac nie mehrere Schriftarten oder proportionale Schriftabstände gehabt.«[5]

Ein paar meiner persönlichen Stationen und Learnings kennst du ja bereits. Jetzt bist du an der Reihe: Wirf einen genauen Blick in deine Vergangenheit und fertige eine Art »Lebensinventur« mit deinen wichtigsten Milestones und Mindstones an.

Milestones – entscheidende Lebensstationen

Milestones sind im Grunde ein erweiterter und umfangreicherer Lebenslauf: Welche Stationen hast du bisher in deinem Leben schon durchlaufen? Welche Ausbildungen/Fortbildungen/Weiterbildungen hast du gemacht? Welche Stufen durftest du erklimmen und welche Errungenschaften konntest du dabei mitnehmen? Welche Ereignisse waren dabei besonders wichtig? Was hast du in deinem Leben schon getan, auf das du stolz bist oder zumindest von außen betrachtet stolz sein könntest? Welche Erfolge, sei es für dich, deinen Arbeitgeber oder dein Unternehmen, konntest du bereits feiern? Welche Leistungen wurden von dir und/oder deiner Umwelt besonders geschätzt?

Einmal fragte mich eine Kosmetikerin um Rat, wie sie sich besser darstellen könne, um damit mehr Kunden anzuziehen. Bei der Suche nach ihren Milestones gab es vermeintlich nichts zu entdecken außer einigen Diplomen, die viele ihrer Kolleginnen ebenfalls hätten vorweisen können. Dann erfuhr ich jedoch, dass diese Frau viele Auszeichnungen im Bereich Pferdedressur hatte und sogar ein europaweit erfolgreiches Pferdegestüt besaß. Daher bat ich sie, diese Erfolge als Milestones in ihr Profil aufzunehmen. Auf den ersten Blick schienen ihre Erfolge als Pferdetrainerin und Leistungen als Gestütsbesitzerin keinen direkten Zusammenhang mit ihrer Arbeit als Kosmetikerin zu haben. Nichtsdestotrotz repräsentierten sie wichtige Bausteine des Erfolgs, nämlich Professionalität, Disziplin und Spitzenleistung.

Im Anschluss an das GOLD-Programm meldete sich ein Teilnehmer, dem es nicht so recht gelang, als Social-Media-Experte sichtbar zu werden. Das ist für einen Social-Media-Experten im Grunde ein Widerspruch in sich. Also begab ich mich auf die Suche nach ihm in den sozialen Medien – und fand ihn auch. Doch das Einzige, was ich dort entdeckte, war seine große Leidenschaft für Lego. Und zwar nicht irgendein Lego, sondern den in tagelanger Kleinarbeit durchgeführten Bau des über 7 000 Teile großen Kampfsterns Galactica.

Ich rief ihn an und erklärte ihm: »Kein Wunder, dass du

keinen Erfolg hast, wenn du den ganzen Tag vor deinen Legosteinen sitzt.«

Er erwiderte: »Aber es macht mir so viel Spaß!«

Daher riet ich ihm, er möge doch statt Social-Media-Experte lieber Lego-Experte werden. Genau das hat der junge Mann dann auch gemacht. Er hat meinen zugegebenermaßen nur halbwegs ernst gemeinten Ratschlag wirklich umgesetzt. Und es hat für ihn hervorragend funktioniert! Er ist heute Lego-Experte, der seine Social-Media-Expertise nutzt, um mit Lego sichtbarer zu werden, und konnte in kurzer Zeit auf TikTok über 300 000 Follower für sich gewinnen. Ja, auch dafür gibt es einen Markt, den man kapitalisieren kann. Das gilt im Übrigen für so ziemlich alles – also bestimmt auch für dein Vorhaben!

Mindstones – prägende Lebensmomente

Mindstones sind bestimmte Erfahrungen, die du gesammelt hast oder die dich geprägt haben – egal ob positiv oder negativ. Vielleicht hast du aus einem Misserfolg besonders viel gelernt, weil du eben nicht das bekommen hast, was du eigentlich wolltest. Manchmal sind es aber auch Aussagen oder Randbemerkungen einer anderen Person, die für dich richtungsweisend oder erhellend waren.

Wenn du zum Beispiel als Serviceexperte unterwegs bist oder dich schon immer für Service interessiert hast, dann werden dir sicherlich eine ganze Menge von positiven Servicebeispielen, aber natürlich auch eine ganze Menge von negativen Servicebeispielen einfallen. All diese Dinge kannst du stichwortartig sammeln und nutzen. Oder du hast bei einer Veranstaltung zum Thema Service einen Vortrag gehört, der dich inspiriert hat – es kann auch nur ein Beispiel oder ein Spruch gewesen sein. Oder es gab eine interessante Diskussion nach einer Veranstaltung. All diese Erkenntnisse kannst du als Bestandteil deiner Vorträge, Botschaften, deiner Publikationen oder anderer medialer Produkte verwenden, um dein Vorhaben in die Pole Position zu bringen.

Hier zwei bewusst banale Beispiele meines Lebens, die mich geprägt haben und die ich abgewandelt in meinen Vorträgen verwendet habe:

Als ich einmal beim Shoppen war, um meinen gesamten Kleiderschrank neu zusammenzustellen, fiel mir auf, wie wenig Menschen respektiert werden, wenn sie plump, unhöflich und oft noch dazu lautstark nach Rabatten fragen. Allein um keine Trittbrettfahrer zu generieren, mussten die Verkäufer solche Anfragen ablehnen. Auf der anderen Seite erlebte ich Kunden, die höflich, ganz leise und besonnen, aber dennoch bestimmt im gleichen Geschäft nach Rabatt fragten und denen ein solcher gewährt wurde. Mein Fazit: Verhandlungserfolge sind oft leise. So ein kleines Erlebnis kann – mit entsprechendem Storytelling versehen – zu einer ganz besonderen Geschichte in deiner Botschaft werden.

Mein zweiter Mindstone stammt vom Vater eines Freundes. Er sagte damals diesen für mich unvergesslichen Satz: »Solange er den Blaumann nicht auszieht, kann das nichts werden.« Damit meinte er, dass sein Schwiegersohn in spe – ein handwerklich begabter junger Mann, der auch täglich in seinem blauen Arbeitsanzug herumlief – Schwierigkeiten haben würde, das elterliche Unternehmen zu übernehmen, solange er sich nicht auch den unternehmerischen Seiten widmete. Und für die unternehmerischen Seiten braucht man selten einen Blaumann, sondern eher einen Anzug. Mir wurde in dem Moment schlagartig bewusst, dass körperliche Arbeit selten gut bezahlt wird oder einen voranbringt, und setzte daraufhin alles daran, dass der Anteil körperlicher Arbeit in meinem Leben mindestens drastisch zurückging. Am liebsten sollte er auf null sinken. Ich wollte mich Dingen widmen, die mehr Verdienst mit weniger körperlicher Anstrengung versprachen.

Wirf nun einen Blick auf die Momente in deinem Leben, in denen du etwas lernen durftest, und notiere deine Mindstones und Learnings. Welche lehrreichen Puzzlestücke finden sich in deinem Leben? Kannst du bereits Zusammenhänge erkennen, die dir im Hinblick auf dein Business weiterhelfen, um in die Pole Position zu kommen?

2

Einen geeigneten Standpunkt finden

Positionierung versus USP

Ich stritt mich regelmäßig während meiner Lehraufträge an europäischen Hochschulen und Universitäten mit meinen Kollegen, Dozenten und Professoren über die Bedeutung des Alleinstellungsmerkmals oder USP (engl. *unique selling proposition* oder *unique selling point*). »Als USP wird im Marketing und in der Verkaufspsychologie das herausragende Leistungsmerkmal bezeichnet, durch das sich ein Angebot deutlich vom Wettbewerb abhebt.«[6] Ich behauptete – und das sehe ich heute noch so –, dass es in vielen Fällen, insbesondere in der Speaker-Branche, eher schädlich ist, einen USP zu haben.

Der USP ist das, was man glaubt, haben zu müssen, um sich damit von allen anderen abgrenzen zu können.

Es gibt bei kaum einem Aspekt mehr Kopfschütteln, mehr Diskussion, mehr Widerspruch als bei diesem. In so gut wie jedem Marketinghandbuch wird der USP nicht nur vorausgesetzt oder diskutiert, ihm wird geradezu gehuldigt. Die Fachliteratur behauptet häufig sogar, dass man ohne USP nicht in der Lage ist, Geschäfte zu machen. Und nun komme ich und behaupte das genaue Gegenteil: dass man mit einem USP kaum in der Lage ist, Geschäfte zu machen.

Nun, wovon sprechen wir hier? Warum fragen so viele: »Was ist dein USP? Wofür stehst du?« Der USP ist das, was man glaubt, haben zu müssen, um sich damit von allen anderen abgrenzen zu können. Aber warum eigentlich? Hat der Bäcker um die Ecke ein echtes Alleinstellungsmerkmal dem Bäcker an der anderen Ecke gegenüber? Hat die Coffee Company einen echten USP gegenüber Starbucks oder umgekehrt? Und wenn ja, ist das überhaupt relevant? Was unterscheidet BMW wirklich von Mercedes oder Audi oder jeder anderen x-beliebigen Automarke? Unter dem Strich transportieren dich alle Autos mit deiner Hilfe als Fahrer von A nach B.

Ich finde es faszinierend, dass so viele Menschen sich im Vorfeld schon so klein machen und einengen mit spitzen Positionierungen und differenzierten Spezialisierungen.

Natürlich hat ein Bäcker eine andere Positionierung als ein Metzger und damit ihm gegenüber auch schon – wenn man so will – einen USP. Zumindest teilweise. Aber nur mal angenommen: Wenn der Bäcker zusätzlich Wurst, also ein Komplementärprodukt, ins Sortiment aufnimmt, dann ist schon eine Wurstsemmel als Erweiterung des Angebots denkbar und stillt das Kundenbedürfnis nach einer herzhaften Brotzeit. Sobald mehr Bedürfnisse gestillt werden können, können heterogene Kundengruppen befriedigt werden. Da darf man doch mal die Frage stellen: Was, bitteschön, ist daran denn verkehrt?

Ich finde es faszinierend, dass so viele Menschen, die groß werden wollen, sich im Vorfeld schon so klein machen und einengen mit spitzen Positionierungen und differenzierten Spezialisierungen, obwohl sie den Beweis klar vor Augen haben, dass die Big Player am Markt genau das nicht tun. Die Großen im Speaker-Markt beispielsweise haben keinen USP, keine spitze Positionierung, sie decken breite Themenspektren ab. Und das lässt sich meiner Meinung nach auch auf andere Branchen übertragen.

Spitz, spitzer – zu spitz

Stell dir vor, ein Fotograf hat sich spezialisiert. Er fotografiert nicht mehr alles, sondern nur noch Menschen und Tiere. Und irgendwann denkt er sich, dass es doch so viele Fotografen gibt, die Menschen fotografieren, und er entscheidet sich daraufhin, nur noch Tiere abzulichten. Er geht auch zu einem Coach, um sich hinsichtlich seiner Positionierung beraten zu lassen. Dieser rät ihm, eine spitze Positionierung zu wählen. Dem Fotografen wird klar, dass es zu viele verschiedene Tiere gibt und beschließt daraufhin, sich einzig und allein auf Katzen zu spezialisieren. Doch aus unerfindlichen Gründen kommt sein Geschäft nicht wie erhofft zum Laufen. Er lässt sich nochmals hinsichtlich seiner Zielgruppe beraten und beschließt daraufhin, sich noch enger, am besten ganz spitz zu positionieren: Er fotografiert nur noch rothaarige Katzenweibchen, die gerade trächtig sind.

Unterstellen wir mal, dass er damit endlich Erfolg hat und der weltbeste Fotograf von schwangeren rothaarigen Katzen wird, weil er eine Methode entwickelt, wie man den Bauch einer werdenden Katzenmama in Korrelation mit den roten Nuancen ihres Fells besonders eindrucksvoll inszenieren kann. So wie er kriegt das kein anderer hin. So weit, so gut. Aber wie viele potenzielle Kunden gibt es, die gerade eine schwangere rothaarige Katze haben, die sie zudem gerne fotografieren lassen will? Um damit wirklich Geld zu verdienen, müsste er sich recht schnell auf eine kapitalintensive Klientel verlegen, vielleicht Scheichs in Dubai, die einen speziellen Katzenfotografen für Tausende Euro einfliegen lassen, um ihre Samtpfoten abzulichten. Du merkst schon: Je spitzer, desto geringer die Erfolgswahrscheinlichkeit.

Die Lösung ist simpel: Breiter aufstellen, dann klappt's auch wieder auf der Erfolgsschiene.

Im Laufe der Jahre sind viele Menschen mit Umsatzproblemen zu mir gekommen. Letztlich konnte ich bei den meisten die finanziellen Probleme darauf zurückführen, dass sie sich zu spitz, zu speziell, zu extrem positioniert und eigenhändig aufs Abstellgleis verfrachtet hatten. Die Lösung ist simpel: Breiter aufstellen, dann klappt's auch wieder auf der Erfolgsschiene. Ein weiterer Vorteil: je breiter, desto höher das Honorar.

Breite Positionierung, unendliche Möglichkeiten

Bei einer Veranstaltung durfte ich Verkaufstrainer und -Speaker beraten. Als wir beim Thema Positionierung ankamen, fragte ich in die Runde, wofür sie denn stünden. Die Antworten: Führung im Verkauf, Neukundengewinnung, Hard Selling, haptisches Selling, Love Selling, kinesiologisches, kinästhetisches Selling et cetera. Interessanterweise hatten sich durch die Bank weg alle auf irgendeine Spezialpositionierung verlegt. Ich war total verblüfft, wie viele Unterarten von Selling es offenbar in der Branche gab. Eine Frage brannte mir unter den Nägeln: »Und wer von euch macht einfach nur Selling, also reinen Verkauf?

Großes Stirnrunzeln, großes Schweigen in der Runde. »Das machen doch schon so viele ...«, hieß es dann aus verschiedenen Richtungen.

»Ach ja?«, hakte ich nach. »Wer sind denn diese vielen?«

Dann hörte ich ein paar Namen von Menschen, die in keiner Weise sichtbar und deswegen total unbekannt waren. »Wäre doch schön, wenn einer von euch einfach mal Verkauf machen würde«, schlug ich vor. Das konnte sich offenbar keiner der Anwesenden so recht vorstellen – bis auf einen, der nach eigenen Angaben »Europas erfolgreichster Verkaufstrainer«[7] ist: Dirk Kreuter. Durch die Vereinfachung seines Themas auf Verkauf oder Vertrieb, verbunden mit einer unglaublichen Sichtbarkeit, die er in einem seiner Bücher als »digitale Dominanz« bezeichnet hat, und mit einer großartigen Skalierung ist er der geworden, der er heute ist. Und auch er hat – man mag es kaum glauben – einmal ganz klein als klassischer Trainer angefangen.

Das Erfolgsrezept ist so simpel, dass ich mich fast nicht traue, es hier niederzuschreiben, weil es im Grunde so banal ist. Für mich ist es kein Wunder, dass Dirk Kreuter mit seinem Angebot offene Türen einrennt. Er fokussiert sich auf das Businessthema »Verkaufen«, also im B2B-Bereich, macht aber mittlerweile auch viel zum Thema Erfolg und Mindset. Das funktioniert ähnlich gut im B2C-Bereich, wie Christian Bischoff und Tobias Beck unter Beweis stellen. Christian bringt den Leuten als Life-Coach die Kunst bei, »ihr Ding« zu machen, und Tobias adressiert mit »Bewohnerfrei« oder »Unbox your Life« ebenfalls eine große Zielgruppe, die sich mehr Erfolg im Leben wünscht. Das Besondere an ihrer Positionierung ist, dass sie eben sehr breit ist statt spitz. Gerade deswegen trifft sie den wunden Punkt so vieler Menschen und verspricht Linderung.

Also, warum ist eine breite Positionierung von Vorteil? Ganz einfach: Die meisten Unternehmen, die Verkaufstrainer, oder allgemeiner: Redner für ein Event buchen, brauchen kein Superspezialwissen. Sie wollen allgemein etwas zum Thema Verkauf hören. Die wenigsten Unternehmen werden explizit fordern: »Dieses Jahr brauchen wir eine Keynote zum Thema Hard Selling, weil wir hart verkaufen müssen.« Um dann im nächsten Jahr zurückzurudern: »Mensch, letztes Jahr waren wir so hart zu unseren Kunden, lasst uns die jetzt mal wieder soft anpacken. Wir brauchen vielleicht mal jemanden, der etwas über kinesiologisches oder haptisches Verkaufen erzählt.« Nein, sie brauchen schlicht und ergreifend jedes Jahr jemanden, der über Verkauf spricht. Nicht weniger, aber vor allen Dingen eben auch nicht mehr.

Mitunter kann es sinnvoll sein, anfangs eine spitze Positionierung zu wählen, um in einer Nische schnell voranzukommen, aber spätestens nach diesem Erfolg sollte die Positionierung verbreitert werden.

Mitunter kann es sinnvoll sein, anfangs eine spitze Positionierung zu wählen, um in einer Nische schnell voranzukommen, aber spätestens nach diesem Erfolg sollte die Positionierung verbreitert werden. Wenn man zum Beispiel Persönlichkeitsentwicklung macht und die Blindenschrift beherrscht, dann mag es sinnvoll sein, dies zuerst für Blinde anzubieten. Oder als Handwerker mit der Positionierung Verkauf mag es schneller gelingen, zuerst einmal andere Handwerker darin zu unterrichten, doch darauf folgend können die Zielgruppen gerne ausgeweitet werden.

Breite Positionierung, höheres Honorar

Natürlich gibt es auch einen Markt für Spezialisten in vielen Feldern. Einer meiner Kunden, die Schweizer Post, hört beispielsweise sehr gerne speziell etwas über haptisches Selling – bei der Post mehr als logisch, weil Briefe im Vergleich zur E-Mail eben haptisch sind. Dorthin konnte ich Karl Werner Schmitz, der sich auf haptisches Verkaufen und auf die Entwicklung von haptischen Verkaufshilfen spezialisiert hat, vermitteln. Dennoch gilt: Da er in einer kleinen Nische erfolgreich spezialisiert ist, wird seine Kundengruppe kleiner bleiben als die von Dirk Kreuter. Das liegt in der Natur der Sache und darüber muss man sich einfach klar sein.

Das heißt nicht, dass man nun sämtliche Expertisen und Spezialitäten vom Tisch fegen sollte, aber sie sollten nicht übergeordnet stehen. Natürlich kann man als Redner zum Thema Verkauf einen Ausflug in die Haptik machen, aber die grundlegende Positionierung sollte breiter sein, weil dadurch die potenzielle Zielgruppe größer wird und die Honorare steigen können.

Das ist ein wichtiger Aspekt, gerade im Speaker-Business: Die Publikumsgröße ist vom Honorar abhängig und umgekehrt. Das bedeutet, wenn das Honorar hoch ist, versuchen viele Veranstalter, mehr Teilnehmer zum Kommen zu motivieren. So sinken die Referentenkosten pro Kopf – eine Zahl, die zwar keine hohe Relevanz hat, aber mit der manche Veranstalter zumindest unbewusst rechnen. Ebenso gilt: Wer eine Vielzahl von Menschen anziehen und mit großen Gruppen gut umgehen kann, kann in der Regel auch ein höheres Honorar aufrufen.

Angenommen, du bist Steuerberater für einen sehr spezifischen Teil des Steuerrechts, hast sogar eine Professur zu diesem Thema. Dann bist du für eine kleine Zielgruppe viel wert, weil deine Expertise das Bedürfnis dieser Zielgruppe genau abdeckt. So ein Fachvortrag bringt aber zum einen in der Regel weniger Honorar, zum anderen oft genug Gegenwind aus dem Kollegenkreis. Würde vermutlich nicht sonderlich viel Spaß machen, vor so einer Gruppe aufzutreten und zu sprechen. Grundsätzlich stellt sich sowieso die Frage, ob es Sinn ergibt, vor den eigenen Kollegen zu sprechen, die häufig nicht gerade kollegial agieren, sondern vielmehr konkurrenzorientiert sind. Alex Düsseldorf Fischer hingegen – der übrigens nicht einmal Steuerberater ist – zeigt einem breiten Publikum mit »Reicher als die Geißens«, wie man Steuern sparen kann. Und zwar einfach, verständlich und nachvollziehbar erzählt, was naturgemäß eine große Kundengruppe anzieht. So lassen sich an zwei Präsenzwochenenden mit digitalen Workshops dazwischen locker mehrere Millionen Euro Umsatz generieren.

In meinen Augen spricht absolut nichts dagegen, eine breitere Positionierung zu wählen und diese dann an Kunden(gruppen) anzupassen.

In meinen Augen spricht absolut nichts dagegen, eine breitere Positionierung zu wählen und diese dann an Kunden(gruppen) anzupassen, sprich: punktuell spitzer zu formulieren. Als Kommunikationstrainer bietest du üblicherweise Kommunikationstrainings an. Kommt die Vereinigung der Augenoptiker auf dich zu, kann das Angebot natürlich »Kommunikationstraining für Augenoptiker« lauten und du adaptierst das eine oder andere Beispiel, wenn nötig, auf die Branche. Diese Präzisierung signalisiert dem Kunden, dass du auch für seine Branche tätig sein kannst, ohne grundlegend speziell auf diese Branche ausgerichtet zu sein.

Thematische Breite

Es gibt eine Redneragentur, deren Inhaberin ich als Expertin schätze. Martina Kapral in Wien (www.agenturmartinakapral.com) hat nicht nur die größte Redneragentur Österreichs, sondern gehört mit ihren Projekten, Anfragen und Veranstaltungen in mittlerweile 18 Ländern zu den ganz Großen in Europa. Eine der wichtigsten Aussagen über den Speaker-Markt, die ich oft und gern zitiere, stammt von ihr: »Je breiter du mit deinem Thema aufgestellt bist, desto leichter kann man dich vermitteln.« Und das trifft des Pudels Kern, denn je spitzer du positioniert bist, umso geringer ist die Nachfrage.

Die meisten Veranstaltungen sind heterogen. Zumindest Großveranstaltungen sind in der Regel so ausgelegt, dass eine Vielzahl von Menschen mit unterschiedlichen Interessen dabei ist. Bei klassischen Firmenveranstaltungen sind, je nach Größe des Unternehmens, in Ausnahmefällen vom Pförtner bis hin zum Vorstandsvorsitzenden alle anwesend. Doch selbst bei Kundenveranstaltungen, die naturgemäß eine gewisse Homogenität aufweisen, weil man sie alle als »Kunden« bezeichnen kann, sind die Vielfalt und die Diversität der Teilnehmer groß. Das Publikum ist höchst unterschiedlich – und darin liegt die Krux, wenn du zu spitz positioniert bist. Themen, die zu sehr in eine Richtung gehen, werden vom Publikum in der Regel nicht gewürdigt oder im schlimmsten Fall werden sie nicht verstanden, weil zu viel Fachjargon nötig ist. Wenn dein Thema hingegen einen gemeinsamen Nenner bedient, sodass alle etwas damit anfangen können, ist in der Folge auch die Bewertung und Wertschätzung eine höhere.

Von wegen oberflächlich!

Natürlich braucht es auch Wissen für homogene Inhalte, aber dabei adressiert man meistens kleinere Gruppen, die bei größeren Veranstaltungen in der Regel aus dem Gesamtpublikum ausgegliedert werden, etwa fachliche Panels in verschiedenen Parallelveranstaltungen.

Nehmen wir mal an, du hältst einen Vortrag darüber, wie Webseiten gut designt werden. Das ist spezifisches Wissen, das bei einem Unternehmen mit 500 Mitarbeitern in der Regel nur bei wenigen auf Interesse stoßen wird, da nur ein paar Leute mit der Gestaltung von Webseiten direkt zu tun haben und sich damit auskennen sollten. Wenn du dagegen über das Internet und Webseiten im Allgemeinen, über Digitalisierung und die damit einhergehenden Trends oder die Bedeutung der Digitalisierung für die Zukunftsfähigkeit von Unternehmen und Gesellschaften sprichst, wird das Thema automatisch relevanter für viel mehr Zuhörer.

Ein anderes Beispiel: Du bist Arzt und sprichst über das Thema »Wirksamkeit einer intravenösen Immunglobulin-Therapie in der hyperdynamen Phase der Endotoxinämie beim Schwein«. Es wird wohl wenige Menschen auf diesem Planeten geben, die sich ausgerechnet dafür interessieren oder auch nur den Titel des Vortrags ansatzweise verstehen. Du würdest wahrscheinlich wenig bis gar kein Honorar für diesen Vortrag bekommen und würdest – wie in der Wissenschaft üblich und ähnlich wie im Steuerberater-Beispiel – eine Form von Gegenwind erfahren, Widerspruch bis hin zu Belehrungen, Negierungen und Abwehrhaltungen. Das wäre der »Lohn« deines Fachvortrags auf einem gängigen Fachärztekongress. Wenn du stattdessen ein größeres, vermeintlich oberflächlicheres Thema ansprechen würdest, indem du Medizin populär und allgemein für jedermann verständlich erklärst, hat das eine viel größere Reichweite, da man das theoretisch an viele Millionen Deutschsprachige adressieren kann. Denn an Gesundheit sind wir gezwungenermaßen interessiert.

Der Arzt, der zu dem genannten Thema 1994 promovierte und mit dem ich als Vorstand meiner Unternehmen Erfolg AG zusammenarbeiten durfte, hat genau das getan. Eben keinen Fachvortrag über sein Forschungsgebiet, sondern allgemeineres Wissen mit Unterhaltung und Entertainment vermittelt. Vermutlich kennst du ihn: Es ist Dr. Eckart von Hirschhausen.

Für eine fachliche Betrachtung der intravenösen Immunglobulin-Therapie braucht man logischerweise einen Facharzt. Für das Thema Gesundheit reicht ein gut ausgebildeter Mediziner. Für die Motivation, gesund zu leben und zeitlebens gesund zu bleiben, eignet sich ein inspirierender Redner, oder allgemeiner: Botschafter, der nicht einmal zwingend ein promovierter Arzt sein muss.

Die Mantelpositionierung

Was tun, wenn man viele Dinge gut findet und gut macht? Muss man dann wirklich Dinge abwählen? Muss man sich für eine einzige Sache entscheiden? Oder könnte man nicht doch irgendwie alles unter einen Hut bringen? Viele Menschen glauben, wenn sie drei oder vier Themen haben, müssten sie sich zwingend für eines entscheiden – im Zuge einer erfolgreichen Positionierung. Ich darf dich an dieser Stelle gleich beruhigen: Muss man nicht. Man muss nur etwas finden, das ich »Mantelpositionierung« nenne.

Es gab einmal eine Zeit in meinem Leben, da hatte ich so viele Interessen. Ich konnte und wollte mich gar nicht für eine einzige Sache entscheiden. Hinzu kam, wie mein Astrologe ja schon richtig erkannt hatte, dass ich gar nicht der Typ war, der tief in einzelne Bereiche eintauchen wollte. Ich hatte viele Lieblingsthemen, die für mich irgendwie alle zusammengehörten. Aber mit diesem Blumenstrauß fand ich keinen Weg, mich nach außen zu zeigen. Ich wusste damals noch gar nicht so recht, wer ich war oder wer ich sein wollte.

Ich listete eines Tages alle Themen auf – 25 an der Zahl:

Aufmerksamkeit am Markt, Positionierung, emotionales Marketing, Service, Innovation, Chancenintelligenz, von den Besten profitieren, Networking, Kooperationen, Überzeugungskraft, Angebotsoptimierung, Kompetenzdarstellung, Marke, Guerilla-Marketing, Führung, Expertenstatus, intelligente PR, Web 3.0, Marktmacht, Begehrlichkeitsentwicklung, Verkaufspsychologie, Verhandeln, Transferintelligenz, Leidenschaft und Motivation. Was sollte ich mit diesem Blumenstrauß an Interessen bloß anfangen? Ich überlegte fieberhaft. Ich könnte rein theoretisch versuchen, ein Buch zu jedem Thema zu schreiben. Aber 25 Publikationen erschienen mir damals wie eine unmöglich zu bewältigende Herkulesaufgabe. Rückblickend ist es recht amüsant, wenn man bedenkt, dass ich diese Zahl längst übertroffen habe.

Es gibt fast immer eine Möglichkeit, unterschiedliche, oft auf den ersten Blick nicht zusammenpassende Themen unter einen Hut – beziehungsweise unter einen Mantel – zu bekommen.

Dann tat ich etwas, das sich im Nachhinein als äußerst gelungenes Vorgehen herausstellte. Ich schrieb keine 25 Bücher, aber 25 Kapitel. Mit Kapiteln kam ich ja wunderbar klar, das wusste ich schon aus Erfahrung. Diese waren logischerweise kürzer und damit auch wesentlich oberflächlicher als ein ganzes Buch zu dem jeweiligen Thema. Diese 25 Kapitel vereinte ich zu einem Buch. Es erschien unter dem Titel *Jenseits vom Mittelmaß* mit dem Untertitel *Unternehmenserfolg im Verdrängungswettbewerb*. (Ja, das war grammatikalisch falsch, es hätte heißen müssen »Jenseits des Mittelmaßes«, aber das störte kaum jemanden.) So lautete auch mein passender Vortragstitel, mit dem ich auf den Bühnen unterwegs war. Später benannten wir ihn in »Spielregeln für die Pole Position in den Märkten von morgen« um, für eine noch breitere Positionierung. Dieses Buch repräsentierte meine Mantelpositionierung, und ich war mit diesem Werk und diesem Vortrag dann knapp zehn Jahre erfolgreich unterwegs, da doch im Grunde jede Firma den Unternehmenserfolg beziehungsweise die Pole Position anstrebt.

Meine Erfahrung ist, dass es fast immer eine Möglichkeit gibt, unterschiedliche, oft auf den ersten Blick nicht zusammenpassende Themen unter einen Hut – beziehungsweise unter einen Mantel – zu bekommen. In einigen wenigen Fällen habe ich erlebt, dass man eine kleinere Sache weglassen musste, der Großteil war jedoch sehr gut in der Mantelpositionierung verortet.

Eine Dame saß einst bei mir in der Beratung, den Tränen nahe, weil sie sich seit vielen Jahren blockierte, kaum Einnahmen hatte und nicht nur finanziell, sondern auch mental regelrecht ruiniert war. Zum einen wollte sie Menschen als Coach unterstützen, aus ihrem Leben mehr zu machen, zum anderen war sie aber auch eine Heilerin und konnte mit ihrem spirituellen Ansatz und ihrer Hellsichtigkeit mehr Dinge erfassen, als wir es gewohnt sind. Sie hatte große Sorgen mit ihrer Positionierung, da sie sich mit so vielen Talenten und Kompetenzen gesegnet sah und es ihr völlig unmöglich erschien, eine Positionierung zu finden, in der all ihre Talente, Kompetenzen und Fähigkeiten sichtbar wurden. Nicht nur das – sie glaubte sogar, dass ihre Fähigkeiten geradezu gegensätzlich waren. Auch in den Märkten fand sie keine richtige Heimat. Sie wusste nicht, ob sie sich mit ihrer kommunikativen Fähigkeit eher in Unternehmen als Beraterin sah oder ob sie als Heilende eher mit Privatpersonen arbeiten sollte – und da stellte sich wieder die Frage, ob sie das in Einzelsitzungen oder doch in größeren Seminaren und Veranstaltungen tun sollte.

Meine Antwort ist in solchen Fällen in der Regel immer die gleiche: Es gilt, einen passenden Mantel zu finden, und es ist absolut richtig, dass es manchmal gar nicht so leicht ist, einen einzelnen Satz oder eine kleine Beschreibung zu finden, in der tatsächlich alles verankert werden kann. Aber das ist häufig auch besser so. Denn sonst würde man immer alles benennen – was zu noch größerer Verwirrung führen könnte. Eine Mantelpositionierung kann durchaus in mehreren Beschreibungen sichtbar werden. Das mag für viele abgedroschen und banal klingen, dennoch ist es eine ganz wunderbare »Schublade«, um von potenziellen Kunden richtig verortet zu werden.

Die Dame wäre zweifellos gut unter dem Begriff »Persönlichkeitsentwicklung« einzuordnen. Da sie zudem sehr spirituell arbeitete, jedoch in einem etwas anderen Kontext damit unterwegs war, könnte zum Beispiel auch eine Bezeichnung wie »Business-Spirit« sinnvoll sein. Ich persönlich liebe Dreiklänge und schlug ihr aufgrund unseres Gesprächs Folgendes für ihre Positionierung vor: Hürden erkennen – Grenzen überwinden – Erfolge feiern.

Es kann mehr als einen geben

Immer wenn es auf dem Markt schon einen »Großen« gibt, das Feld also schon »besetzt« ist, trauen sich die meisten nicht mehr, diesen Weg einzuschlagen. Ich nehme mich davon nicht aus, ich war nämlich anfangs genauso. Ich wollte unbedingt Motivationstrainer werden. Damals gab es den Begriff »Speaker« noch nicht. Es war mein großer Traum, Menschen zu motivieren. Doch damals gab es schon Jörg Löhr, der als Motivationstrainer bekannt war. Und damit war mir klar, dass ich das nicht mehr werden konnte. Logisch. Heute muss ich darüber lachen, sogar sehr herzlich und laut. Bloß weil einer schon etwas ist, darf kein anderer mehr etwas werden? Wie lächerlich! Dann könnte ja auch niemand mehr Rechtsanwalt, Bäcker, Automechaniker, Pfarrer, Blumenhändler, Day Trader, Immobilienmakler oder sonst was werden, sobald es in Deutschland oder sonst wo auf der Welt schon einen von der Sorte gäbe.

Interessanterweise denken viele Leute nach wie vor so klein und glauben, dass der Markt nicht mehr hergibt, wenn es schon jemanden gibt, der den Markt bedient. Dabei ist der Markt in Wahrheit oft viel größer, sodass viel mehr Player darin Platz finden – und es soll zudem schon mal vorgekommen sein, dass ein Newcomer den Big Player überholt und vom Platz gefegt hat. Überraschung!

Bloß weil einer schon etwas ist, darf kein anderer mehr etwas werden? Wie lächerlich!

Mein heißer Tipp: Bleib dabei, auch wenn das Feld besetzt ist. Ich würde sogar sagen: Bleib *erst recht* dabei, wenn das Feld schon besetzt ist. Denn das signalisiert Bedarf. Wenn es schon jemanden dort gibt, dann liegt es daran, dass die Angebote und Dienstleistungen der Person oder des Unternehmens benötigt, also nachgefragt werden. Warum gibt es wohl so viele Rechtsanwälte, Bäcker, Automechaniker et cetera? Ganz einfach: Weil man ebenso viele Rechtsanwälte, Bäcker, Automechaniker et cetera braucht – und nicht alle gleich gut sind.

Körpersprache als Herzensanliegen

Ich durfte Monika Matschnig sehr intensiv auf ihrem Weg zur Körpersprache-Expertin betreuen, denn Körpersprache war ihr Herzensanliegen. Doch schon bei der Formulierung dieses Wunsches kamen die negativen Gegenstimmen aus ihrem Umfeld: »Das Feld ist besetzt!«, »Da gibt es schon einen richtig guten und bekannten, nämlich Professor Samy Molcho!«

Doch Monika hatte im Vergleich zu Samy drei Assets, die sie unvergleichlich machten:

- Monika ist eine Frau.
- Monika ist in einem anderen Alter. Samy könnte leicht ihr Vater, wenn nicht sogar ihr Großvater sein.
- Monika wählte einen Vortragssatz von 6 000 Euro, der für eine junge Frau gut war, aber kein Vergleich zu dem, was ein Kaliber wie Samy Molcho aufrufen konnte.

Anstatt sich von dem Gedanken »Körpersprache als Positionierung« abbringen zu lassen, stellte sie sich wesentlich schlauer an. Sie entschied sich bewusst dafür, verfasste ein Buch über Körpersprache und bat Samy sogar, das Vorwort zu schreiben, wozu er sich auch bereit erklärte. Heute ist sie als Expertin im Bereich Körpersprache unterwegs.

Medizinisches Wissen für jedermann

Giulia Enders, damals Medizinstudentin, gewann 2012 den ersten Preis beim Science-Slam mit ihrem Vortrag »Darm mit Charme«, zu dem sie später ein gleichnamiges Buch verfasste und damit im März 2014 auf Platz 1 der *Spiegel*-Bestsellerliste landete. Sie war Gast in diversen Talkshows, unter anderem bei Markus Lanz, und ihr Buch war 2014 das meistverkaufte Hardcover-Sachbuch Deutschlands, das in über 26 Länder verkauft wurde. Übrigens ist es entstanden, bevor sie ihr Medizinstudium abgeschlossen hatte. Tatsächlich wollte sie für die Buchrecherche fünf hochrangige Wissenschaftler befragen. Da sie jedoch von keinem eine Antwort bekam, schrieb sie das Buch kurzerhand allein. Dabei sei erwähnt, dass sie mit ihrer Publikation alle Ärzte in diesem Fachbereich vom Thron der Publikationen gestoßen hat. Kein Mediziner weltweit hat so hohe Auflagen über das Thema wie sie. Nicht nur das, sie hat mit ihrer Art zu schreiben den Schreibstil einer ganzen Branche verändert und geprägt. So werden viele wissenschaftliche Abhandlungen heute weniger wissenschaftlich und dafür lesefreundlicher geschrieben, wie Professor Dr. Markus Egert, ein Desinfektionsforscher, genauer: ein Mikrobiologe, der ein Buch mit dem Titel *Ein Keim kommt selten allein* veröffentlichte.

Motivation der anderen Art

Rolf Schmiel, Teilnehmer des GOLD-Programms, wollte als Erstautor zu einem ganz bestimmten Verlag, sein Thema war Motivation. Zum damaligen Zeitpunkt war Dr. Reinhard Sprenger unter anderem mit seinem Buchtitel *Mythos Motivation* schon ein äußerst erfolgreicher Autor in diesem Bereich. Daher kam es zunächst nicht infrage, Rolf mit einem Motivationsbuch in das Verlagsprogramm aufzunehmen. Also beschlossen wir, den Titel umzudrehen und reichten den Arbeitstitel »Die dunklen Seiten der Motivation« ein. Das verhalf ihm zu einem Verlagsvertrag. Sein Buch erschien schließlich unter dem Titel *Senkrechtstarter: Wie aus Frust und Niederlagen die größten Erfolge entstehen.*

Der Markt ist riesig

Seit ich mein Lebensmittelhändler-Dasein an den Nagel gehängt habe, habe ich Vorträge, Seminare oder Veranstaltungen verkauft. Wenn irgendjemand meint, als Redner könne man schlecht leben, schmunzle ich in mich hinein. Tatsächlich habe ich schon vor einigen Jahren dokumentiert, dass ich allein mit dem »Verkauf von Worten« – so will ich es jetzt mal zusammenfassen – weit über 50 Millionen Euro Umsatz realisiert habe. Ich vermute, dass diese Zahl sich mittlerweile fast verdoppelt hat. Das soll jetzt nicht die Größe meines Geschäfts dokumentieren, sondern dir Mut machen. Sei zuversichtlich, dass es Märkte gibt, von denen du noch gar nicht weißt, dass es sie gibt, auf denen du dich mit deinem Angebot tummeln kannst und auch Erfolge erringen wirst, wenn du das möchtest. Mit dem Markt verhält es sich ähnlich wie mit einem Eisberg: Man sieht den Eisberg, aber der allergrößte Teil, nämlich 80 bis 90 Prozent, ist unsichtbar.

Mit dem Markt verhält es sich ähnlich wie mit einem Eisberg: Man sieht den Eisberg, aber der allergrößte Teil, nämlich 80 bis 90 Prozent, ist unsichtbar.

Es gibt immer Bedarf

Gerade in der Speaker-Branche erlebe ich häufig, dass die Leute nicht immer die Wahrheit sagen. Bewusst werden manchmal die Märkte verschleiert und schlechter dargestellt, als sie sind, damit andere gar nicht erst auf die Idee kommen, selbst diesen Markt erobern zu wollen. Das wäre ja neue Konkurrenz. Lass dich nicht verunsichern oder täuschen. Denk immer an die Spitze des Eisbergs und dass darunter so viel Unentdecktes ruht. Das ist auch für den Markt von Rednern, Speakern, Trainern, Coaches und Beratern so. Das, was wir sehen, sind einige Events in Instagram-Posts, ausgewählte kleine Veranstaltungen, die für die Allgemeinheit zugänglich sind. Das, was wir B2C nennen, Geschäfte und Veranstaltungen gegenüber Endkunden. Allein das ist schon eine ganze Menge, aber eher die Spitze des Eisbergs. Der wesentlich größere, unsichtbare Teil, der nicht gepostet, nicht in der Öffentlichkeit promotet wird und fast im Verborgenen stattfindet, ist der Markt, der durch Unternehmen, Verbände, Organisationen geprägt ist. Der B2B-Markt ist um ein Vielfaches größer. Hier darf man mit Fug und Recht von einem Multi-Milliarden-Markt sprechen.

Um nur zwei Beispiele zu nennen: In der Stadt Berlin werden pro Jahr über 100 000 Veranstaltungen durchgeführt, die in der Regel alle auch mit externen Rednern bestückt werden. Rechne das bitte mal auf ganz Deutschland hoch! Das zweite Beispiel sind die Verbände. In Deutschland gibt es weit mehr als 15 000 Verbände. All diese sind in der Regel verpflichtet, Verbandstagungen durchzuführen, zu denen wiederum externe Speaker eingeladen werden. Darunter gerne welche, die verbandsfremde Themen präsentieren und einen Blick über den Tellerrand wagen. Ich selbst habe viele Jahre fast ausschließlich von Verbänden gelebt und sogar eine eigene Unterseite meiner Website der Zusammenarbeit mit Verbänden gewidmet.

Vor allem im Speaker-Business ist eigentlich immer Bedarf vorhanden. Die meisten Veranstalter von Kongressen, Events und Tagungen führen diese Formate regelmäßig durch, oftmals jährlich, wenn nicht sogar öfter. Das heißt, mindestens einmal im Jahr gibt es eine große Veranstaltung, die mit externen Rednern bestückt werden will. Und da Abwechslung Trumpf ist, sind das immer wieder andere – jedoch in der Regel aus dem gleichen Genre oder Themengebiet. Führt ein Unternehmen jährlich eine Kick-off-Tagung für seine Verkäufer durch, so werden auch jedes Jahr Redner zum Thema Verkauf gesucht. Bei jährlichen Motivationsveranstaltungen braucht es entsprechend jedes Jahr einen anderen Motivator.

Das Gute daran ist: Die Veranstalter wollen zwar das gleiche Thema bedienen, aber eben nicht denselben Redner buchen.

Es ist in der Speaker-Branche tatsächlich mehr oder weniger Usus, dass niemand zwei (oder gar mehr) Jahre in Folge beim gleichen Veranstalter auftritt. Man ist eben ein wenig »verbraucht«.

Ich selbst bin als Speaker schon oft mehrfach bei Unternehmen aufgetreten, allerdings jeweils mit mehreren Jahren Abstand. Das ist zum Teil auch Selbstschutz, denn tatsächlich gehöre ich nicht zu den Rednern (und kenne auch auf dem deutschsprachigen Markt fast niemanden, der dazu in der Lage wäre), einen zweiten, emotional gleich guten Vortrag zu halten. Die meisten Redner können einen Vortrag sensationell performen – und mit diesem Programm »touren« sie dann sozusagen eine Weile. Ein zweiter in relativ kurzem Abstand, der ein ähnliches Thema behandeln soll, wird selten besser, ja nicht einmal genauso gut, sondern meist einen Tacken schlechter.

Hinzu kommt, dass Menschen sich nicht an die Realität erinnern, sondern an die Highlights. Man dringt – und das ist großartig für einen Speaker – oft in die Gedanken- und Lebenswelt der Teilnehmer ein. Manche Storys oder Beispiele brennen sich so sehr in das Gedächtnis des Publikums ein, dass eine gesteigerte Erwartungshaltung entsteht. Bei einem zweiten Vortrag ist eine zumindest subjektive Enttäuschung bei einem Großteil der Anwesenden geradezu programmiert, wenn der nächste Auftritt zeitnah erfolgt. Daher sind einige Jahre Abstand sinnvoll. Daran halte auch ich mich eisern.

Ich kann mich noch gut an einen meiner Vorträge im Berliner Estrel Hotel erinnern, dem größten Veranstaltungshotel Deutschlands und damit eine nahezu alternativlose Location in der Bundesrepublik für große Gruppen. Mein Vortrag war zu Ende, ich genoss den Applaus und ging dann von der Bühne. Dort kam mir schon der Vorstandsvorsitzende entgegen und hielt mich auf. Er bedankte sich bei mir und sagte: »Herr Scherer, ich lasse Sie erst runter von der Bühne, wenn Sie mir versprechen, dass Sie nächstes Jahr wiederkommen!«

Ich war perplex und wusste nicht, was ich sagen sollte. Ich fühlte mich geschmeichelt, aber für mich war völlig klar, dass ich im nächsten Jahr ganz bestimmt nicht wiederkommen würde. Ich wollte aber nun auch nicht unfreundlich, unhöflich oder gar undankbar erscheinen. Irgendwie schaffte ich es, mich aus der Situation herauszumogeln, ohne eine Zusage auch nur anzudeuten.

Doch kurze Zeit später kam auch noch der Veranstaltungsleiter auf mich zu, baute sich vor mir auf und meinte: »Herr Scherer, Sie müssen mir versprechen, dass Sie nächstes Jahr wiederkommen.« Anscheinend war mein Vortrag also wirklich gut angekommen, das freute mich außerordentlich. Meinem Herzen, meiner Seele und meinem Ego tut es natürlich gut – bei wem wäre das wohl anders? –, wenn Kunden meine Dienstleistung so sehr begehren, dass sie mich geradezu zwingen wollen, im Folgejahr wiederzukommen. Doch ich lehnte höflich ab. Es wäre zwar ein lukratives Geschäft gewesen, denn mein Honorar für diesen Vortrag lag im fünfstelligen Bereich, dennoch war und ist mir dieser Grundsatz heilig, weil ich weder meine Kunden noch mein Publikum oder mein Herz enttäuschen möchte.

Auf der Suche nach einem Thema

»Was soll ich denn nur machen?«, »Worüber soll ich denn reden?«, »Wer bin ich eigentlich?«, »Wie kann ich mich am besten positionieren?« Wenn diese Fragen unbeantwortet bleiben oder zumindest keine zufriedenstellende Antwort ergeben, stellen die Leute sich eine typische Frage: »Was braucht der Markt?« Diese Frage ist so grundfalsch wie gefährlich. Weil wir dadurch das, was wir wirklich tun wollen, verleugnen. Und wenn wir nicht das tun, was wir tun wollen, wofür unser Herz schlägt, wofür wir angetreten sind, berauben wir uns selbst nicht nur unserer Seelenaufgabe, sondern verzichten auf bessere Honorare und höhere Umsätze, die wir erzielen könnten, wenn wir das tun würden, wofür wir wirklich brennen.

»Was braucht der Markt?« Diese Frage ist so grundfalsch wie gefährlich.

Warum stellen dann so viele Menschen diese Klassikerfrage? Ich vermute, weil sie leider (noch) keinen Zugang zu ihrem Herzen haben. Aber das ist kein Buch mit sieben Siegeln, daran kann man tatsächlich arbeiten, wenn man sich traut, ein wenig in sich zu gehen. Hört sich schlimmer an, als es ist, glaub mir (mehr dazu in Kapitel 3).

Also, was will »der Markt« denn nun? Der Markt will und braucht so vieles, dass es schlichtweg unmöglich ist, diese Frage auch nur ansatzweise zu beantworten. Eine halbwegs zufriedenstellende und umfassende Antwort würde nicht nur ein Buch, sondern wohl eher ganze Buchbände füllen. Aber es gibt Themen, die erfahrungsgemäß immer ganz gut funktionieren: Persönlichkeit und Erfolg, Kommunikation und Motivation, Marketing und Verkauf, Management und Führung, Gesundheit und Fitness, Umwelt- und Klimaschutz, um ein paar der Klassiker zu nennen.

Es gibt unzählige weitere mögliche Themen, ich liste an dieser Stelle ein paar alphabetisch auf, die nicht nur bei meinen Kunden sehr gut laufen und die sich für B2B und B2C eignen – je nach Ausrichtung.

Entscheidungsfindung: Das ist so ein wunderbares, allumfassendes Thema, weil wir unser ganzes Leben lang Entscheidungen treffen müssen. Unser ganzer Tag besteht aus über 20 000

Entscheidungen. Die Bandbreite ist riesig, im privaten wie im geschäftlichen Kontext: Was ziehe ich an, was besser nicht? Wie ernähre ich mich am besten? Soll ich mein Geld investieren – und wenn ja, wie und wo? Kaufe ich lieber diese Anlage oder jene? Stelle ich neue Mitarbeiter ein oder nicht, und wenn ja welche? Expandiere ich, und wenn ja wie? In diesem Bereich kannst du vielen Menschen helfen, denn so viele tun sich damit schwer.

Geld: Ich erspare dir und mir die langen Ausführungen, dass beziehungsweise warum Geld ein wichtiges Thema ist. Ich denke, das versteht sich von selbst. Das Thema Finanzen ist ein so breites, vielfältig differenzierbares. Da kann es ums Sparen gehen, aber auch um Vermögensaufbau, der wiederum in einzelne unterschiedliche Arten untergliedert werden kann. Und natürlich allgemein um den Umgang mit Geld oder den Weg zur finanziellen Freiheit, um nur einige mögliche Aspekte zu nennen.

Life-Hacks: Das sind ganz allgemein Tipps, Tricks und Kniffe, die das Leben leichter machen – egal in welchem Bereich. Das interessiert die meisten Menschen grundsätzlich. Logisch, wer will sich schon das Leben unnötig schwer machen? Das können also allgemeine Hacks sein, das können aber auch Effizienz-Hacks sein, das können Unternehmens-Hacks sein. Alles Mögliche!

Menschlichkeit: Ich kenne zwei Steuerberater, Stephan Brockhoff und Klaus Panreck, die haben ein Buch geschrieben mit dem Titel *Menschlichkeit rechnet sich: Warum Wertschätzung über den Erfolg von Unternehmen entscheidet*. Wir sind uns alle einig, dass Menschlichkeit per se gut ist. Selbst dann, wenn man sie nur lebt, um Vorteile zu bekommen. Unabhängig davon, ob dieses Thema aufrichtig oder nur aus Eigennutz adressiert wird, ist es in meinen Augen ein Thema der Zukunft.

Sinnfindung: Das ist ein Thema, das für Menschen und Unternehmen gleichermaßen relevant ist. Wie schon Viktor Frankl sagte: »Wer Leistung will, muss Sinn bieten.« Darum stellen sich heute viele Unternehmen diese Frage nach dem Sinn, um dementsprechende Leistung von der Belegschaft zu bekommen.

Strategie: Wir finden es immer großartig, wenn jemand strategisch ist. Dabei wissen viele gar nicht so genau, wie es funktioniert, was eine Strategie ist et cetera. Das ist ein echtes und vor allem beliebtes Feld – große Nachfrage also.

Umsetzung: Immer mehr Unternehmen sitzen am Grünen Tisch mit Gummibärchen und Cappuccino und diskutieren über Ideen, Projekte und Vorgehen. Nach wochenlangen Diskussionen und Nebelschwaden im Kopf gibt es endlich ein Ergebnis – und dann kriegen sie die PS nicht auf die Straße! Sie sind schlichtweg nicht in der Lage, das, was sie tun wollen, voranzutreiben. Das geht Unternehmen und Einzelpersonen so. Da braucht es Menschen, die helfen, in die Umsetzung zu kommen oder das Gewünschte umzusetzen.

Verantwortung: Das ist ein ähnlich großartiges, weil ubiquitäres Thema. Leben heißt Verantwortung übernehmen, in den unterschiedlichsten Lebenslagen. Wir übernehmen Verantwortung für unser Leben, unsere Ernährung, unsere Figur, unsere Gesundheit, unsere Kinder, unsere Familie, unseren Job, unsere Ergebnisse, unsere Ressourcen, unsere Lebensqualität, unsere Work-Life-Balance – einfach alles. Und genauso vielfältig kann dieses Thema bespielt werden.

Das war nur ein kleiner Auszug aus einem schier unbegrenzten Portfolio. Kannst du schon einschätzen, welche Themen für dich infrage kommen, um dein Business in die Pole Position zu bringen? Wenn du dir darüber noch nicht ganz im Klaren bist, kannst du der Sache näherkommen, indem du über die Probleme und Sorgen deiner potenziellen Kunden nachdenkst.

Die mysteriöse Zielgruppe

Häufig fragen mich die Leute: »Hermann, wie finde ich heraus, wer meine ideale Zielgruppe ist?« Meine Gegenfrage: Muss man sich diesbezüglich überhaupt so sehr einschränken? Ganz offen gesagt: Ich bin für eine breite Zielgruppe so wie ich auch für eine breitere Positionierung plädiere. All diese ausgeklügelten Zielgruppendefinitionen, die in die Tiefe gehen, mit Avataren oder mit Sinus- und Milieugruppen, habe ich nie verstanden, geschweige denn angewendet. Für mich gab es immer nur zwei Arten von Zielgruppen, die ich unterschieden und unterschiedlich adressiert habe: Business to Business (B2C) und Business to Consumer (B2C). Da gibt es ein paar Dinge, die man zumindest einmal gehört haben sollte.

Ich bin für eine breite Zielgruppe so wie ich auch für eine breitere Positionierung plädiere.

Hier eine Übersicht über die Unterschiede zwischen B2C und B2B, anhand eines Beispiels.

	B2C	B2B
Ansprache	Du	Sie
Content	Eigene Story	Best Practice
Buch	Free + Shipping	Buch
Auftritte	Öffentliche Events	Firmenveranstaltungen
Vermarktung	Solo	Agentur
Team	Solo	Crew
Mindset	Vieles ist möglich	Was ist noch möglich?
Expertenstatus (Beispiel)	Experte für Mut und Selbstvertrauen	Experte für Unternehmenserfolg
Zielgruppe/ Target (Beispiel)	Alleinerziehende Mütter	Optikerbranche
Claim (Beispiel)	Mut. Courage. Selbstbestimmung. oder Der Erfolg ist in dir	Menschen. Märkte. Marken. oder Unternehmenserfolg
Vortragstitel (Beispiel)	Wie du in 30 Tagen mehr Selbstvertrauen bekommst, ohne dich zu blamieren	Spielregeln für die Pole Position in den Märkten von morgen
Profil (Beispiel)	Niemand kann Menschen zu mehr Mut, Selbstvertrauen und Kraft verhelfen als [Name]. [Er/Sie] versteht es, Referenzerlebnisse zu kreieren, die das Wichtigste schaffen: eine Selbstwirksamkeitsüberzeugung.	Nach über 3 000 Vorträgen vor rund einer Million Menschen in über 3 000 Unternehmen in über 30 Ländern, 60 Büchern in 21 Sprachen, 1 000 Pressebeiträgen, 50 000 000 Euro Umsatz, 9 000 Hotelübernachtungen, 10 000 000 Flugmeilen und Lehre an 18 europäischen Universitäten hat er über 40 Menschen auf die Liste der TOP-100-Erfolgstrainer begleitet und mit über 100 die TOP-500-Liste erobert. Er macht Menschen zu Marken, damit sie das verdienen, was sie wert sind und die Bühnen dieser Welt erobern. Keiner hat mehr Menschen zu Marken gemacht und Redner auf die Bühnen gebracht als Hermann Scherer.

Thomas Hellweger ist Immobilienmakler im gehobenen Segment um den Starnberger See und ein »Goldie«, wie ich meine GOLD-Programm-Teilnehmer nenne. Er wollte neben seiner regionalen Bedeutung auch nationale Bekanntheit generieren und eine breitere Zielgruppe erschließen. Dies schaffte er durch sein Buch mit dem Titel *Der Türöffner – So bekommst du jede Wohnung*. Damit erlangte er nicht nur Bestseller-Status, sondern war auch in Fernsehsendungen mit seinem Thema sichtbar.

Während Bücher über Persönlichkeitsentwicklung vorwiegend für die extrovertierteren, lauteren Menschen gedacht sind, wurde Sylvia Löhken klar, dass dieser Teil der Gesellschaft ein kleinerer Teil ist als der der Introvertierten. Sie schrieb das Buch *Leise Menschen – starke Wirkung: Wie Sie Präsenz zeigen und Gehör finden* und wurde damit sichtbar und erfolgreich.

Sorgen als Grundlage

Wenn du im Business-to-Business-Bereich unterwegs bist, lautet deine Leitfrage: Welche Sorgen haben deine Unternehmenskunden? Mehr Umsatz, weniger Kosten, mehr Leistung, weniger Krankenstände, Digitalisierung, Marktführerschaft und so weiter. All das sind potenzielle Positionierungsthemen.

Jede einzelne Sorge ist eine mögliche Positionierung.

Wenn du im Business-to-Consumer-Bereich unterwegs bist, lautet die Frage: Welche Sorgen haben die Leute, deine potenziellen Kunden? Persönlichkeitsentwicklung, Beziehung, Glück, Partnerschaft, Gesundheit, Sexualität und so weiter. Jede einzelne Sorge ist eine mögliche Positionierung. Also, formuliere zehn Sorgen von Menschen oder zehn Sorgen von Unternehmen, die deine Zielgruppe sein könnten, und du hast zehn potenzielle Positionierungen gefunden.

Möglicherweise trägst du eine ganze Menge in deinem Herzen, aber hast keinen blassen Schimmer, was die Menschen eigentlich wissen wollen, welche Sorgen sie haben, was für sie relevant ist. In dem Fall kannst du eine kleine Recherche starten, um dir einen ersten Überblick zu verschaffen.

Google Trends mit Google Alerts

Google Trends ist ein Onlinedienst von Google, der Informationen darüber bereitstellt, welche Themen die Welt gerade interessieren. Wenn du also zum Beispiel über das Thema Service nachdenkst, kannst du »Service« als Suchbegriff eingeben und siehst dann, ob dieser Begriff gerade häufiger oder weniger häufig gesucht wird, in welchen Regionen die Nachfrage größer oder kleiner ist und welche ergänzenden oder alternativen Suchen und Themen gezeigt werden. Du kannst zum Beispiel das Thema Beziehungen untersuchen und herausfinden, wie sich der Zusammenhang zwischen den Suchbegriffen »Beziehung« und »Scheidung« in Corona-Zeiten entwickelt hat.

Auf diese Weise kannst du dir über dein Thema oder dein Interessengebiet vielfältige Informationen holen. Und wenn du deine Beobachtungen mit Google Alerts, dem automatischen Benachrichtigungsdienst, verfeinerst, bekommst du jeden Morgen neue Infos automatisch per E-Mail geliefert.

Answer the Public

Oder du schaust mal auf die Website answerthepublic.com. Dort erfährst du, welche Suchanfragen die Leute stellen. Du stellst als Erstes dein Land und deine Sprache ein. Dann gibst du im Suchfeld ein Schlagwort ein, nehmen wir mal an, du willst wissen, was die Menschen zum Thema »Positionierung« interessiert. Es kann sein, dass es im Anschluss ein paar Minuten dauert, während deine Anfrage bearbeitet wird, doch dann erhältst du eine Vielzahl von Anhaltspunkten, genauer gesagt: Suchanfragen zu deinem gewählten Stichwort.

Der Erzfeind jeder Positionierung

Der größte Feind einer erfolgreichen Positionierung ist nicht der Markt, es ist dein Kopf, besser gesagt die Zweifel, die darin wohnen.

»Herzlich willkommen zur Beerdigung. Und zwar zur Beerdigung von Zweifeln, deinen Zweifeln.« So begrüße ich meine Teilnehmer an einem Abend des GOLD-Programms. Ich habe mir auch extra eine Trauerkarte drucken lassen, denn Shakespeare sagte schon: »Unsere Zweifel sind Verräter und führen häufig dazu, dass wir das Gute, das wir häufig erreichen könnten, nicht bekommen, weil wir den Versuch, es zu erreichen, gar nicht wagen.« Nichts ist passender für die Positionierung als das, denn der größte Feind einer erfolgreichen Positionierung ist nicht der Markt, es ist dein Kopf, besser gesagt die Zweifel, die darin wohnen. In der Bibel heißt es in Phil. 2,14: »Was ihr auch tut, tut es ohne zu klagen und zu zweifeln!«

So häufig mache ich Beratungen, in denen ich für die Person eine Positionierung finde, von der ich schwören kann, dass sie sensationell ist und großartig funktionieren wird, weil der Markt danach schreien wird. Und dennoch klappt es nicht immer. Warum? Ganz einfach: Es gibt zwei Arten von Menschen. Nach Hunderten (Beratungs-)Gesprächen darf ich das beurteilen, denke ich.

- Die einen gehen mit ihrer Positionierung raus auf den Markt. Fertig. Läuft da alles glatt? Nein, natürlich nicht. Müssen die manchmal ein bisschen korrigieren? Ja, selbstverständlich. Stolpern die mal? Klar, aber das ist kein Grund aufzugeben. Diese Leute sind *on the way*, sind am Markt, und es funktioniert.

- Den anderen Menschenschlag treffe ich ein paar Jahre später, beispielsweise irgendwo an einem Flughafen, und frage: »Hey, wie läuft es so bei dir?« Und dann kommt die Klassiker-Antwort: »Ich feile noch an der Positionierung.« Diese Leute sterben vermutlich mit der Feile in der Hand. Leider.

Unsere Intelligenz ist manchmal unser größter Feind. Natürlich sollen und dürfen wir in vielen Fällen intelligent sein, aber wir finden auch immer Gründe, warum etwas eben nicht funktionieren kann. Wir sind schlau genug, uns auszumalen, was alles schieflaufen könnte – im Vorfeld, noch bevor wir überhaupt den ersten Schritt in Richtung Umsetzung getan haben. Und dann fangen wir gar nicht erst an, weil es ja unter Umständen gar nicht klappen wird. Wäre doch oberpeinlich, nicht wahr?

Bei jedem Wort, das ich sagen oder schreiben will, wird mein innerer Kritiker aktiv und bohrt penetrant nach: »Kann man das so schreiben? Darf man das so schreiben? Will ich das so schreiben? Passt das zu mir? Ist das meine Botschaft? Wäre eine andere Botschaft besser? Was genau ist eigentlich meine Botschaft? Und warum ist das meine Botschaft? Stimmt diese Botschaft? Will ich so wahrgenommen werden? Will ich mich so preisgeben? Will ich mich so zeigen?« All diese Fragen poppen zeitgleich in Sekundenschnelle in meinem Gehirn auf und lassen viele Fragezeichen zurück. Jeder, der jemals versucht hat, auf der Bühne zu stehen, ein Buch zu schreiben, Inhalte zu entwickeln oder Botschaften zu senden, kennt das vermutlich aus eigener Erfahrung und weiß, wie sehr solche zerstörerischen Gedanken am Verstand graben, an der Seele nagen und immer wieder neue Fragen aufwerfen.

Meine kleine Zweifel-Highlights-Sammlung

Über die Jahre habe ich unzählige Menschen die immergleichen Zweifel in ganz ähnliche, manchmal sogar absolut identische Worte fassen hören. Hier meine persönlichen Favoriten, jeweils mit meiner persönlichen Antwort darauf. Ich finde, manchmal muss man die Holzhammermethode wählen, damit sich die Leute endlich all diesen Stuss aus dem Schädel schlagen.

»Ich kann das nicht.« Wir alle konnten gar nichts, als wir auf die Welt kamen. Nicht essen, nicht laufen, nicht sprechen. Wir hatten keine Lebenserfahrung und sind trotzdem geboren worden. Und es hat doch bisher ganz gut funktioniert. Du hast alles, was du brauchst – und wenn dir etwas fehlt, dann besorge es dir.

»Dafür bin ich zu jung/zu alt.« Wer sagt denn das? Mein jüngster Teilnehmer und Slam-Weltrekord-Sieger war 15 Jahre alt, mein ältester 84 Jahre – genauso alt wie Mutter Theresa in ihrer besten Zeit. Also, warum sollte dein Alter eine Rolle spielen?

»Ich habe keine Zeit.« Wir alle haben gleich viel Zeit pro Tag und für uns alle bleibt der Termin unseres letzten Atemzugs ein Geheimnis. Nutze deine Zeit weise für die Dinge, die du wirklich tun willst im Leben. Setze deine Prioritäten so, dass du das umsetzen kannst, was dir am Herzen liegt.

»Ich habe kein Geld oder gar Schulden.« Das ist ein guter Grund, um noch schneller richtig durchzustarten. Wort zu halten und für sich einzustehen, ist der Schlüssel. Schulden sind oft die beste Schule. Durch meinen Schuldenberg durfte ich lernen, groß zu denken. Außerdem: Geld tötet manchmal sogar die Kreativität. So viele haben so vieles erschaffen ohne eine große Investition und so viele haben so wenig erschaffen mit einer großen Investition.

»Ich habe Angst.« Okay. Dann warte doch einfach, bis du stirbst, dann ist die Angst weg.

»Ich bin noch nicht so weit.« Schön, wollen wir uns in circa 100 Jahren wieder hier treffen, um festzustellen, dass du immer noch nicht so weit bist?

»Ich traue mich nicht, mich zu zeigen.« Kein Problem, musst du ja auch nicht, wenn du dich dann unbehaglich fühlst. Ist ja auch wirklich unangenehm und so. Du kannst natürlich auch gerne den Weg des Verhungerns wählen. Deine Entscheidung. Ich halte mich da raus.

»Ich glaube nicht an meinen Erfolg.« Die meisten Menschen glauben doch auch an Gott (oder ein anderes höheres Wesen), ohne hundertprozentig sicher zu wissen, dass es ihn gibt. Erfolg existiert nachweislich, also wo ist das Problem?

»Am Markt habe ich einen Mitbewerber entdeckt.« Ach herrje, wirklich? Und was jetzt? Natürlich gibt es Konkurrenten am Markt – und die trödeln nicht so lange herum wie du. Die verdienen längst das Geld, das genauso gut in deinen Taschen stecken könnte. Vorausgesetzt, du kommst endlich aus den Puschen und legst los!

»Ich habe da noch ein Feld entdeckt, das ich noch nicht abbilde.« Tatsächlich? Ich habe schon eine Million Felder entdeckt, die ich noch nicht abbilde. Zum Beispiel bin ich immer noch kein Experte im Origami. Und weiter?

»Wenn ich loslege, dann nur perfekt positioniert.« Wunderbar, dann musst du aber aus dem Sarg aufsteigen, denn du wirst vorher tot sein. Wird aber sicher ein total abgefahrener Auftritt!

»Was werden die Leute von mir denken?« Kein Zweifel hat mehr Leben und Karrieren zerstört als dieser. Nur weil irgendein Kasper, der nicht auf deinem Spielfeld steht, ausgerechnet dir erklären will, wie dein Leben geht? Oder weil irgendein Hater namens ChaosTroll007 dir einen Dislike gegeben hat? Wer sind die denn überhaupt? Ist er genauso wie du als Gladiator in der Arena und kämpft – oder stopft er sich auf den billigen Plätzen mit Popcorn voll? Wenn der so gut ist, wo ist denn bitteschön sein Erfolg, sein Geld? »Geh deinen Weg und lass die Leute reden!«, wusste schon Dante Alighieri.

»Wenn ich mich exponiere, kommen doch sofort die Hater.« Was soll ich sagen – Hater sind die Dreingabe zum Erfolg. Mein lieber Freund und Kollege Tobias Beck hat es so schön auf den Punkt gebracht: »Selbst Pumuckl und die Biene Maya haben Hater.« Die gehören einfach dazu und du wirst lernen, mit ihnen umzugehen. Du kannst es im Leben nicht allen recht machen. Wenn du nur geliebt werden willst, dann werde doch im nächsten Leben einfach Kaffeevollautomat. Da bekommst du den ganzen Tag Aufmerksamkeit und ständig drückt dich jemand.

»Ich habe zu viele Verletzungen aus der Vergangenheit.« Ich kenne keinen Erfolgreichen, der keine Narben hat. Im Gegenteil, die Anzahl der Narben scheint in direktem Zusammenhang zur Größe des Erfolgs zu stehen. Deine Vergangenheit, deine Biografie ist deine beste Chance auf Erfolg!

»Ich habe keinen Plan.« Das ist doch mal eine gute Nachricht! Denn wie heißt es so schön: Leben ist das, was passiert, während du eifrig dabei bist, andere Pläne zu machen. Und warum sollte man im Paradies planen? Wie wäre es mit Genießen? Businesspläne haben noch nie eins zu eins funktioniert. Oftmals ist es kreativer, das Geld auszugeben und sich dann zu überlegen, wie man es wieder verdienen kann, statt einen akribischen Plan aufzustellen, der nie fertig wird und wenn doch, dann nicht funktioniert.

»Ich habe den Sinn meines Lebens, mein Why, noch nicht gefunden.« Viele suchen nach ihrem Warum bis zum Sankt-Nimmerleins-Tag und darüber hinaus. Doch das Leben passiert auch ohne Why (siehe dazu auch Kapitel 3). Das große Geheimnis des Lebens ist, dass es kein Geheimnis des Lebens gibt. Rein wissenschaftlich gesehen ist das Leben sowieso völlig sinnlos. Es ist dem Universum herzlich egal, ob es den Planeten Erde gibt oder Menschen oder dich und mich. Also, mach dir deinen Sinn selbst, ganz nach Pippi Langstrumpf: »Ich mach' mir die Welt, widdewidde wie sie mir gefällt.«

»Aber ich muss doch …« Du musst so gut wie gar nichts! Wenn wir leben wollen, dann müssen wir atmen, essen, trinken, ausscheiden, uns warmhalten und schlafen. Das sind sechs Dinge. Das ist alles. »Kein Mensch muss müssen«, ließ Gotthold Ephraim Lessing seinen weisen Nathan dem Derwisch entgegenhalten. Die Wahrheit ist: Müssen setzt Wollen voraus. Also, was willst du?

Stirb nicht mit der Feile in der Hand

Mach dir klar: Kein Mensch kann alles, was er im Leben braucht. Ich kam auf die Welt, konnte nicht laufen, konnte nicht sprechen und heute bin ich Redner. Aber ich habe mittlerweile viele Mitarbeiter oder auch Partner und Agenturen, deren Produkte und Dienstleistungen meine Lücken füllen. Und ich habe genügend Lücken. Wir glauben, wir müssten perfekt sein und all diese Dinge beherrschen – das ist aber gar nicht so.

Wir glauben, wir müssten perfekt sein – das ist aber gar nicht so.

Ich flippe innerlich jedes Mal aus, wenn jemand auf mich zukommt und fragt: »Hermann, habe ich denn überhaupt das Potenzial dazu?« Auf der Bühne erlaube ich mir dazu einen makabren Scherz und drohe: »Wenn mir hier einer von euch diese Frage stellt, mache ich Facebook und Instagram live an – und dann töte ich die Person vor laufender Kamera!« Würde ich natürlich nie machen. Aber ich finde es nun einmal so entsetzlich und selbstverachtend, dass wir andere Menschen fragen, ob wir das nötige Potenzial haben. Dass wir uns selbst nicht glauben und stattdessen versuchen, die Verantwortung unseres Lebens auf Dritte zu übertragen, die diese Verantwortung gar nicht tragen dürfen und in den meisten Fällen auch gar nicht tragen wollen. Ja, ein Fremdbild ist manchmal hilfreich, aber entscheidend ist unser Selbstbild.

Grundlegend gilt: Das, was andere können, kannst du auch. Lass dir von nichts und niemandem das Gegenteil einreden. Der entscheidende Unterschied liegt selten im Können, er liegt im Zeigen dieser Dinge. Deshalb flehe ich dich an: Hör auf zu zweifeln, hör auf zu grübeln, hör auf, deine Zeit zu verplempern! Wenn du in deinem stillen Kämmerlein sitzt und nachdenkst, kommen immer mehr Zweifel.

Hör auf zu zweifeln, hör auf zu grübeln, hör auf, deine Zeit zu verplempern!

Du hast ein riesiges Potenzial. Lass es raus, gib ihm die Chance, sich zu entfalten! Und wenn du etwas (noch) nicht kannst oder dir etwas fehlt, hol dir Hilfe, um es selbst zu lernen, oder kauf das Benötigte zu. Du bist mit deiner Stimme unzufrieden? Buch einen Stimm-Coach. Du bist mies in Social Media? Hol dir einen Experten oder mach einen Kurs. Du hast Defizite, die dein Business unmöglich machen? Such dir einen kompetenten Partner, der diese Lücken füllen kann. Es gibt für so vieles eine passende Lösung. Triff kluge Entscheidungen, um dein Business in die Pole Position zu bringen.

Attention, please!

Was passiert, wenn man die anstehende Steuererklärung immer noch nicht gemacht hat? Genau, man denkt ständig daran, dass man *eigentlich* endlich die Steuer machen sollte. Dieser Gedanke schwirrt permanent im Hinterkopf herum. Dasselbe gilt für den unaufgeräumten Keller, den nicht vereinbarten Zahnarzttermin, den anstehenden Geburtstag der Schwiegermutter und so weiter.

Die Psychologin Bluma Zeigarnik entdeckte, dass unerledigte Handlungen besser erinnert werden als erledigte und außerdem eine verstärkte Tendenz hinterlassen, sich immer wieder damit auseinanderzusetzen. Sie verglich unser Gehirn daher mit einem riesigen Schubladensystem: Immer wenn wir eine Sache beginnen und nicht zu Ende führen oder nicht beenden können, bleibt diese Schublade offen – und wir stolpern immer wieder darüber. Je mehr Schubladen wir geöffnet haben, desto weniger können wir uns logischerweise auf unsere momentane Tätigkeit konzentrieren.[8] Darum haben erfolgreiche Menschen immer ganz wenige Schubladen offen, denn sie wollen sich voll und ganz auf ihren Erfolg konzentrieren. Also, um welche offenen Schubladen – zum Beispiel Sorgen und Ängste – musst du dich kümmern, damit du den Kopf frei hast für deine Positionierung?

Mehr Entscheidungsfreude, bitte!

»Hermann, was machen erfolgreiche Menschen anders?« Ich bin kein Freund von Patentrezepten, in denen man behauptet, dass eine Eigenschaft oder ein Vorgehen das Entscheidende sei. Doch nachdem ich über 3 000 Firmen beraten, unzählige Vorträge gehalten und dabei viele erfolgreiche Leute kennengelernt habe, hat sich eine Gemeinsamkeit besonders herauskristallisiert. Nämlich die, dass erfolgreiche Menschen in drei »Stapeln« denken, wie ich es nenne, statt in vier.

Also, was hat es mit diesen vier Stapeln auf sich? Das ist schnell erklärt. Wir treffen täglich unzählige Entscheidungen, kleine und große, relativ unbedeutende und extrem bedeutsame. Im Unternehmenskontext reicht das bis hin zu millionenschweren Budgets, Investitionen oder Verträgen. Dabei gibt es grundlegend immer vier Möglichkeiten bei der Entscheidungsfindung.

1. Ja sagen. Klar, die erste Entscheidungsmöglichkeit ist eine Zusage. Stell dir vor, jemand fragt dich, ob du bei dessen Veranstaltung mitmachen willst, und du findest das Angebot großartig, kommt dir ein deutliches Ja leicht von den Lippen.

2. Nein sagen. Genauso simpel. Hast du keine Lust, keine Zeit, passt das Honorar nicht oder siehst du einen anderen

Grund, der das Vorhaben in deinen Augen nicht lukrativ genug erscheinen lässt, lehnst du genauso klar ab.

3. Zeitlich verschieben. In manchen Fällen willst du nicht Nein sagen, weil die Möglichkeit schon interessant ist, aber zusagen kannst du gerade aus einem triftigen Grund nicht. Es ist also im Grunde ein Ja mit zeitlicher Verzögerung. Die Zusage ist gedanklich schon getroffen, nur die Terminierung muss noch final abgestimmt werden.

Das sind die drei Entscheidungskriterien, die ich bei erfolgreichen Menschen kennengelernt habe. Ausschließlich. Es gab nie etwas anderes. Zudem sind ihre Entscheidungen immer sehr schnell, sehr klar und sehr deutlich gefallen.

Ich erlebe aber ganz viele Menschen, die neben diesen drei Möglichkeiten noch eine vierte vermeintliche Option bei einer Entscheidung sehen, die aber eher eine Verzögerungstaktik ist.

4. Noch mal überlegen. Man könnte auch »Aufschieberitis bei der Entscheidungsfindung« diagnostizieren. Diese zögerliche Herangehensweise kommt diese Menschen teuer zu stehen. Es kostet Energie und Hirnschmalz, sich diese »offen gehaltenen Optionen« zu merken. Das sorgt im Oberstübchen für viele herausgezogene Schubladen (Stichwort: Zeigarnik-Effekt). Ist doch logisch: Wenn du 1000 Dinge im Hinterkopf behalten willst, hast du irgendwann keine Kraft mehr. Das ist so, als würde man bei einem Haus jeden Wasserhahn gleichzeitig aufdrehen – irgendwann lässt der Druck nach. Ich kenne so viele Menschen, die haben einen Riesenstapel (deswegen auch der Begriff) an Sachen, den sie eigentlich irgendwie, irgendwann mal noch tun wollten. Vielleicht.

Ich hatte auch mal so einen Stapel, das gebe ich zu. Doch ich habe irgendwann für mich beschlossen, den vierten Stapel konsequent aufzulösen und meine Entscheidungsfindung entsprechend zu verändern. Das heißt, Dinge werden sofort erledigt, also zusagen, fix terminieren für einen späteren Zeitpunkt oder verworfen beziehungsweise abgesagt. Mein Leben ist dadurch so viel einfacher geworden, ich kann es nur jedem empfehlen.

Lass mich zu diesem Zweck wieder eines meiner maßlos überspitzten Beispiele präsentieren. Stell dir vor, du bist am Flirten (ich spreche jetzt ausschließlich aus meiner männlichen Sicht). Eine wunderschöne Dame steht vor dir. Ihre Lippen spitzen sich leicht zu und nähern sich den deinen. Der Moment scheint gekommen, an dem sich eure Lippen das erste Mal berühren könnten. Es muss also eine Entscheidung her, welche Möglichkeiten hast du?

1. Ja, küssen, jetzt sofort!
2. Du hältst die Dame auf Abstand und sagst: »Tut mir leid, aber ich will dich nicht küssen. Ich bin verheiratet.« Oder eben ein anderer Grund, den du anführen würdest, um es eben nicht zu tun.
3. Du kannst das Ereignis unter Umständen zeitlich verschieben und sagen: »Hey, pass auf. Ich würde dich wahnsinnig gerne küssen, aber ich habe gerade Herpes, total ekelhaft. Ich will dich auf gar keinen Fall anstecken. Wollen wir uns in einer Woche küssen?« Dass du damit erfolgreich wärst, halte ich zwar für relativ unwahrscheinlich, aber sagen wir einfach mal, die Dame ist einverstanden. Dann hast du jetzt ein fix terminiertes Knutsch-Date in einer Woche. Juhu!
4. Aber bei aller Liebe: Du kannst doch nicht ernsthaft den vierten Stapel wählen, nur Zentimeter von ihren verlockenden Lippen entfernt, und sagen: »Hmm, ich weiß

nicht. Ich muss mir das noch mal überlegen.« Sorry, damit bist du raus. Das killt jede romantische Stimmung. Das geht einfach nicht.

Werde zum Macher, zum Entscheider, zum Unternehmer

Mir begegnen viele Menschen, die an meinen Seminaren interessiert sind – das behaupten sie zumindest. »Da wollte ich immer schon mal hingehen« oder »Wir finden das ziemlich spannend« höre und lese ich dann. Doch wenn es um eine verbindliche Zusage geht, ziehen sie überraschenderweise eine »Überlegen«-Karte vom vierten Stapel. Ja, was denn nun? Mit so zögerlichen Leuten möchte ich eigentlich gar nicht mehr zusammenarbeiten – und das sage ich mit allem gebührenden Respekt. Mit dieser Einstellung kommt man definitiv nicht in die Pole Position, vermutlich nicht einmal in die Nähe der Rennbahn. Man spielt nur mit dem Gedanken, wie es wohl wäre, wenn … Ach, das wäre doch so schön, nicht wahr? Doch sie scheuen sich davor, ihre Wünsche wirklich in die Tat umzusetzen.

Mit dieser Einstellung kommt man definitiv nicht in die Pole Position, vermutlich nicht einmal in die Nähe der Rennbahn.

Ich finde es schade, aber diese Menschen berauben sich ihrer Energie. Grübeln und Zögern verbraucht zu viel Zeit, die ihnen dann fehlt, um das, was sie sich vorgenommen haben, mit voller Kraft umzusetzen. Das ist ja dann nicht nur bei meinem Seminar so, sondern auch bei tausend anderen Dingen. Und ich musste schon oft genug erleben, dass Menschen, denen die Entscheidungsfreude fehlt, die immer zögern und zaudern, im Business nie richtig Fuß fassen. Zumindest nicht in der Größe und Dimension, wie sie es eigentlich könnten.

Dann stehe plötzlich ich vor einem Dilemma. Ich lebe ja bei meinen Seminaren am wenigsten von meinem Honorar, sondern vor allem von meinem Ruf. Und der besagt, dass ich Menschen zur Marke mache. Dass ich Menschen wirklich erfolgreich mache. Dass die Leute durch die Teilnahme an meinen Veranstaltungen signifikant mehr und signifikant schneller verdienen als vorher. Aber bei so einer Dienstleistung wie meiner sind ja immer zwei Parteien verantwortlich für den Erfolg. Natürlich einer, der die Dienstleistung, also die Beratung oder das Coaching, erbringt. Das bin ich, der sich da auch gerne die Schuhe auszieht. Aber was nützt das, wenn mein Gegenüber eben nicht umsetzt und die Dinge nicht voranbringt?

Entschlossenheit muss von innen kommen.

Das heißt, und da mag ich vielleicht den einen oder anderen vorschnell verurteilen: Wenn jemand schon ewig und drei Tage braucht, um sich zu entscheiden, ob er an meinem Seminar teilnehmen soll oder lieber doch nicht, dann gehe ich in der Regel davon aus, dass dies ein Mensch ist, der höchstwahrscheinlich überwiegend zögerlich agiert. Beziehungsweise eben nicht agiert, denn er tut ja nichts, er überlegt nur. Das Problem ist: Entschlossenheit muss von innen kommen. Es ist möglich, den vierten Stapel aufzulösen und nie wieder zu benutzen, man muss es nur wollen. Wer das nicht tut, verschwendet in meinen Augen einen Großteil seines Potenzials. Deswegen ist es mir ein Anliegen, dass die Leute sich antrainieren, relativ schnell Entscheidungen zu treffen. Nicht um meinetwillen. Sondern um ihretwillen, damit sie sich nicht mehr länger ihrer Kräfte berauben und für sich und ihr Business die beste Startposition schaffen können: die Pole Position.

Die Fähigkeit, entschlossen zu entscheiden, ist nicht nur für das Geschäftliche hilfreich, sondern in allen Lebenslagen. Das Leben ist einfach zu kurz, um über Dinge nur nachzudenken oder alles zu über- und am Ende zu verdenken. Das beraubt uns so vieler toller Erfahrungen. Wir sollten öfter Ja sagen – zu neuen Erfahrungen, zu interessanten Begegnungen, zu unvergesslichen Erlebnissen. Denn das fügt unserer Lebensinventur einen Milestone oder Mindstone nach dem anderen hinzu. Die Zusammenhänge werden wir schon irgendwann erkennen, wenn es an der Zeit ist.

Die Fähigkeit, entschlossen zu entscheiden, ist nicht nur für das Geschäftliche hilfreich, sondern in allen Lebenslagen.

Wir haben schließlich nicht ewig Zeit, unsere Lebensdauer ist begrenzt, auch wenn wir das gerne mal verdrängen. Niemand sagt wohl auf dem Sterbebett: »Super, dass ich die Dinge immer gründlich durchdacht habe!« Das kann ich mir einfach nicht vorstellen. Interessanterweise bereuen wir sehr, sehr selten die Dinge, die wir getan haben. Wir bereuen vielmehr die Dinge, die wir nicht getan haben. Also bitte, beim nächsten Kuss, beim nächsten Seminar, beim nächsten geschäftlichen Vorhaben, beim nächsten potenziellen Abenteuer gibt es ein klares Ja oder Nein oder zumindest einen fixen späteren Termin.

Die besten Dinge im Leben sind eine Entscheidung – wir müssen sie nur für uns wählen: Glück, Liebe, Glaube, Erfolg, was auch immer wir wollen. Entscheidend ist: Wenn unsere Wahl gefallen ist, tragen wir die Verantwortung, diese Träume zu verwirklichen. Das kann kein anderer tun außer wir selbst. Kein Grübeln mehr, sondern nur noch Handeln. Wir sind schließlich Unternehmer und keine Unterlasser!

3

Deine Personal Selling Proposition

Positionierung ist kein Hexenwerk

Möglicherweise wird dir allmählich immer klarer, dass es einen echten USP, ein wahres Alleinstellungsmerkmal nur selten gibt. Wir kochen alle mit Wasser, und letztlich sind wir in wenige Bereiche kategorisierbar, passen in irgendeine Schublade. Dein Unterscheidungsmerkmal ist nicht das Thema, auch nicht der Content. Das entscheidende, einzigartige Merkmal bist du – die Person, die das Thema und den Inhalt präsentiert. Denn jeder Mensch ist anders, sieht die Dinge anders, hat einen eigenen Blickwinkel auf die Dinge aufgrund seiner persönlichen Erfahrungen und seines Werdegangs. Deswegen spreche ich ungern von einer Unique Selling Proposition, sondern viel lieber von der *Personal Selling Proposition* (PSP). Das bedeutet: Das, was du sagst, mag inhaltlich in irgendeiner Form gleich sein, aber in der Art und Weise, wie du den Inhalt verpackst, mit welchen Beispielen du deinen Vortrag anreicherst und in welcher Art und Weise du ihn präsentierst, ist nicht kopierbar und damit unverwechselbar deins. Wenn die Schublade groß genug ist, kannst du eben auch alles mit hineinpacken.

Die passende Schublade

Markus war ein restlos begeisterter Teilnehmer des GOLD-Programms, der unter dem Begriff der Selbstwirksamkeit vor allen Dingen über seine Reisen nach Südamerika sprach. Er war in der Lage, mit seinen Worten wunderbare Bilder zu malen und die Zuhörer in verschiedene Länder, auf verschiedene Ausflüge und zu verschiedenen Erlebnissen mitzunehmen. Mithören, mitfühlen, ja geradezu mitreißen konnte er sein Publikum. Das Fazit, das er aus seinen Erzählungen zog, war der Transfer der Selbstwirksamkeit. Denn wie er meinte, können wir nur dann selbstwirksam sein, wenn wir logischerweise selbst auch etwas getan haben.

Das entscheidende, einzigartige Merkmal bist du – die Person, die das Thema und den Inhalt präsentiert.

Einige Wochen nach dem GOLD-Programm rief er mich an und bat mich darum, das Programm wiederholen zu dürfen. Zum einen, weil es ihm so gut gefallen habe, und zum anderen, weil er seine Positionierung verändert habe und nun seine Inhalte nicht mehr stimmten.

Ich war verwundert und fragte ihn, was denn seine neue Positionierung sei, und er meinte, es sei Exzellenz. Ich wollte wissen, was er beim GOLD-Programm erzählen würde, wenn er nun über Exzellenz sprach. Er begann mit derselben Geschichte, also mit seiner Reise in südamerikanische Gefilde, mit derselben Struktur, mit demselben Ablauf mit der identischen Pointe. Das Einzige, was er an dieser Erzählung änderte, war der Transfer, der nun nicht mehr Selbstwirksamkeit anführte, sondern die Exzellenz, die man im Leben braucht.

Ich musste unwillkürlich lachen, denn seine Botschaft war ja immer noch dieselbe, die Story war immer noch dieselbe, lediglich das Schlagwort war ein anderes. Ich denke, es ist in so vielen Fällen – wie auch in diesem Fall – gar keine neue Positionierung, sondern eher Wortklauberei. Denn natürlich muss man, um exzellent zu sein, selbstwirksam sein, und um selbstwirksam zu sein, braucht es logischerweise auch Exzellenz oder das, was als Ergebnis daraus entsteht.

Daran wird wieder einmal deutlich, dass wir natürlich Schubladen haben. Diese dürfen groß genug, ubiquitär genug, allumfassend genug sein, dann können wir viele Dinge hineinpacken und natürlich auch viele Rückschlüsse ziehen für uns, für unser Leben und für unsere Erfolge.

Keep it simple

Wir brauchen Schubladen, die Dinge voneinander abgrenzen, sonst kommen wir durcheinander.

Was erlebe ich immer für Ideen und Vorhaben, mit denen Menschen glauben oder hoffen, sich ganz besonders begehrlich darzustellen. Da werden Vortragstitel und Claims formuliert, die so unverständlich und missverständlich sind, dass man überhaupt nicht weiß, was die Person eigentlich tut oder anbietet. All das geschieht in der Hoffnung, besonders gut dazustehen, anders zu sein als alle anderen, noch cooler, noch pfiffiger, noch außergewöhnlicher, und sich dadurch von der Konkurrenz abzuheben. Doch das geht allzu häufig nach hinten los, führt in der Regel zu Missverständnissen und damit zum Misserfolg.

Wichtig ist, dass dich die Leute, die dich engagieren, dich buchen, dein Angebot oder deine Dienstleistung nutzen, dich sofort in eine passende Schublade stecken können. Unser Gehirn tickt eben so. Wir brauchen Schubladen, die Dinge voneinander abgrenzen, sonst kommen wir durcheinander. Und im Business ist das erfolgsentscheidend! Wenn es dir gelingt, eindeutig zuordenbar zu sein, erreichst du den Logenplatz im Kopf deiner Kunden. Das bringt dich der Pole Position näher. Denn wer dich zugeordnet hat, kann dich wiederfinden. Wer dich nicht zuordnen kann, verliert dich aus den Augen und damit aus dem Sinn.

Alle Redneragenturen haben beispielsweise eine typische Einteilung (also Schubladen) für ihre Speaker:

- Persönlichkeit und Erfolg,
- Kommunikation und Motivation,
- Marketing und Verkauf,
- Management und Führung,
- Gesundheit und Fitness.

Die Leute wollen so schnell wie möglich erkennen, wer du bist und wofür du stehst.

Welche Schubladen es in deiner Branche, in deinem Business gibt, findest du bestimmt schnell heraus. Passt du schon in eine oder siehst du hier Handlungsbedarf?

Deine Positionierung soll potenziellen Kunden helfen, dich in Sekundenschnelle in eine ihrer Schubladen einzusortieren – du musst also in eine Kategorie passen. Am besten eindeutig. Die Leute wollen so schnell wie möglich erkennen, wer du bist und wofür du stehst. Daher ergibt es absolut keinen Sinn, eine Positionierung zu wählen, die unverständlich ist, in der Hoffnung, dass man Menschen neugierig macht oder sie zum Nachdenken bringt. Sie werden es nicht tun. Diese Vorgehensweise führt nur dazu, dass die Menschen nicht wissen, wo sie dich hinstecken sollen, und dich ganz schnell vergessen. So ergatterst du keinen Logenplatz im Kopf deiner potenziellen Kunden. Dein Ziel ist es demnach, deinem Publikum oder deinen Kunden zu helfen, die Schublade deines Tuns eindeutig zu identifizieren, damit sie dich dort positiv abspeichern. Am liebsten dauerhaft.

Deine Biografie ist deine Basis

Dein Leben ist eine Story, die du teilen kannst.

Dein Leben ist eine Story, die du teilen kannst. Ist die Story gut, verändert sie das Denken der Menschen. Ist sie sehr gut, bringt sie sie ins Handeln. Ist sie grandios, verändert sie womöglich die Welt. Eine Lebensinventur mit den wichtigsten Milestones und Mindstones hast du ja schon gemacht. Jetzt ist es an der Zeit, daraus eine Story (oder mehrere) zu basteln, die deine Positionierung unterstützen, zum Beispiel für deinen Onlineauftritt.

Wähle deinen Content clever

Bei dem Thema muss ich allerdings gleich eine Sache vorausschicken: Die meisten Webseiten sind in meinen Augen schädlich fürs Business. Sie sind deswegen geschäftsschädigend, weil sie die Anbieter vergleichbar, austauschbar und beliebig machen. Das kannst du vermeiden, indem du ein paar Grundsätzen folgst.

1. Niemand interessiert sich dafür, welche Ausbildungen du gemacht hast. Die haben viele Tausende, ja womöglich Zehntausende Menschen auf der Welt auch vorzuweisen – manche vielleicht sogar mit einem besseren Abschluss als

du. Du stellst dich damit freiwillig und vor allen Dingen ohne Not einem Wettbewerb der Nichtigkeiten. Letzten Endes führt dich das in der Regel mindestens in eine Preisdiskussion, weil deine Kunden dein Honorar durch die Vergleichbarkeit drücken wollen. Denn eins ist klar: Wenn viele etwas können, gibt es eben auch viele Alternativen. Im schlimmsten Fall droht eine regelrechte Preisschlacht – und mit Dumpingpreisen solltest du dich nicht eine Sekunde anfreunden. Das solltest du dir wert sein!

1. Ein weiterer Aspekt, den viele übersehen: Sie listen Workshops bei Kollegen, bei Trainerausbildern, kurzum: bei Menschen, die es besser können als sie selbst, auf ihrer Website auf. Damit meine ich also nicht die Schulbildung oder das Studium, sondern Kurse, Ausbildungen, Fachausbildungen, insbesondere wenn man nach diesen Methoden auch noch selbst lehrt. Das kann nach hinten losgehen! Überleg doch mal: Wenn diese Menschen nicht gerade außergewöhnlich teuer oder ganz außergewöhnlich weit weg sind oder andere Widrigkeiten verursachen bei einer Buchung, dann stellt sich doch die berechtigte Frage aufseiten des potenziellen Kunden: »Warum sollte ich den Schüler buchen statt den Lehrer?« Wo würdest du größere Kompetenzen und einen reicheren Erfahrungsschatz vermuten? Genau meine Rede: Warum zum Hänschen gehen, wenn es Hans gibt? Ist doch logisch.

2. Wo ich auch immer mit den Augen rollen muss, sind Lebensgeschichten, die so oder so ähnlich beginnen: »In der Schule war ich lange Zeit sehr schüchtern. Doch dann wurde ich erst zum Klassensprecher, dann zum Schulsprecher gewählt. Irgendwann habe ich gemerkt, wie wichtig Kommunikation ist. Deshalb bin ich Kommunikationstrai-

ner geworden.« Bist du auch fast eingenickt? Kann ich verstehen, mir geht es nicht anders.

Pimp dein Profil

Im Zentrum steht immer die Frage: Wie positionierst du dich – und wie kannst du das, was du anbietest, hochwertig formulieren und anpreisen?

Aber es geht auch ganz anders! Im Zentrum steht immer die Frage: Wie positionierst du dich – und wie kannst du das, was du anbietest, hochwertig formulieren und anpreisen? Mit anderen Worten: Wie machst du dich wertvoll und begehrenswert? Wenn du beispielsweise Persönlichkeitstrainer bist, könntest du dir als Erstes die zehn besten Persönlichkeitstrainer und deren Websites anschauen: Was sagen sie über sich? Welche Botschaften senden sie? Oder du denkst an dein absolutes Vorbild – im Bereich Persönlichkeitsentwicklung kann das eigentlich nur Tony Robbins sein. Dieser Typ ist so erfolgreich, dass er mit seiner Arbeit nicht nur Millionär, sondern tatsächlich Milliardär geworden ist und damit eine außergewöhnliche Leistung vollbracht hat. Bei seinen Wochenendseminaren ist es gut möglich, dass er Umsätze im zweistelligen Millionenbereich einfährt. Also lautet die Frage: Wie würde sich ein Tony Robins beschreiben? Und welche Anleihe könntest du wählen, um dich selbst positiv zu beschreiben?

- **Mein Vorschlag:**

Nur wenige Menschen nehmen extremen Einfluss auf Menschen, Märkte und Motive und zählen daher zu den wichtigsten Größen, zu den besonderen Machern und zu den Menschen, die nicht nur die Persönlichkeitsentwicklung vorangetrieben, sondern auch die Persönlichkeiten von Tausenden Menschen

entwickelt haben. Sie ermöglichen den Menschen ein Leben, von dem viele andere nur träumen können. Weil es oft dieser eine Anstoß, diese eine Inspiration, dieser eine Funke ist, der den entscheidenden Unterschied ausmacht.

[Name] ist so eine Person. Sie erzeugt bei ihrem Publikum diesen Antrieb, der schon im Leben von vielen Tausend Menschen, aber auch in Unternehmen für den nötigen Drive gesorgt hat. Ihre Klienten bringen mit ihrer Unterstützung die nötigen PS auf die Straße.

Die Treppe wird von oben gekehrt

Häufig werde ich gefragt, wie ich Positionierungen angehe, wie ich Texte und Botschaften formuliere und ob ich dabei ein bestimmtes Schema verwende. Entscheidend ist der Blickwinkel auf die Positionierung. Meine These dazu lautet: Die Treppe wird immer von oben gekehrt. Das bedeutet, die Menschen wünschen sich in der Regel Experten oder Gewinner. Sie wollen von jemandem etwas lernen, der schon geschafft hat, was sie auch schaffen wollen. Sie wollen nicht so viel von Menschen lernen, die selbst noch alles Mögliche ausprobieren. Achte daher darauf, dass du dich bei deiner Präsentation nicht klein machst, sondern versuch eher das Gegenteil. Denk immer groß, größer, am größten!

Angenommen, jemand will über Digitalisierung sprechen. Dann könnte man die Positionierung niedlich und klein formulieren, wie es viele tun, und es würde wahrscheinlich in etwa so klingen: »Schon mit neun Jahren baute er seinen ersten Computer zusammen, mit 14 übte er die erste Programmiersprache, mit 19 hatte er seinen ersten Onlineshop und verkaufte seine Star-Wars-Sammlung online. Mit 27 hatte er eine IT-Firma und mit 29 bla, bla, bla ...« Solche Beschreibungen findest du online wie Sand am Meer. Achte das nächste Mal beim Surfen darauf! Das ist gewissermaßen der »Standard«, wobei ich mich schon lange frage, wer zum Teufel den Leuten erzählt, dass das sinnvoll im Sinne von erfolgversprechend ist. So kommt man nicht in die Pole Position.

Denk immer groß, größer, am größten!

Ich würde an die Sache ganz anders herangehen. Ich würde die Person gedanklich an die höchste Position stellen. Einen Digitalisierungsexperten würde ich mir gedanklich als Wirtschaftsweisen vorstellen. Du weißt schon, ein Mitglied des Sachverständigenrats zur Begutachtung der gesamtwirtschaftlichen Entwicklung Deutschlands. Zu diesem Zweck wird jährlich ein Gutachten für die Bundesregierung erstellt. Wie würde ein Profil von jemanden klingen, der die Bundesregierung berät?

- **Mein Vorschlag:**

Wenn wir die Welt anschauen, dann erleben wir eine totale Disruption, eine absolute Veränderung, hauptsächlich und insbesondere verursacht durch die Digitalisierung. Mittlerweile gibt es keinen Kontinent, kein Land auf dieser Welt, das sich nicht mit Digitalisierung beschäftigt. Demzufolge auch Regierungen, Ministerien, Unternehmen und Organisationen ebenfalls.

[Name] ist einer der Digitalisierungsexperten, die es verstehen, die Zusammenhänge im volkswirtschaftlichen und gesellschaftspolitischen Sinne zu identifizieren und die Bedeutung im betriebswirtschaftlichen Sinne so zu kennen und zu verändern, dass diese als Faktoren für den individuellen Erfolg gestaltet und genutzt werden können. Kein Wunder, dass ihn nicht nur deutsche Wirtschaftsunternehmen, sondern auch europäische um Rat fragen, um die Disruption nicht nur zu nutzen, sondern die Marktführerschaft anzustreben und zu halten.

Positionierung bedeutet, so zu kommunizieren, dass man – ohne dabei zu faken – das Bild, das man von sich hat, als Vision, als Entwurf, als Blaupause, als antizipiertes Bild, als Zukunft darstellt und sich in dieser Weise sichtbar macht. Konkret: Zeige dich nach außen, etwa auf deiner Webseite so, wie du wahrgenommen werden willst. Eben die Version, die dich nicht so zeigt, wie du bist, sondern so, wie du *wahrgenommen* werden willst. Das nennt sich *Public Persona*.

Nehmen wir einmal an, du hast den für viele Trainer typischen Bauchladen an Angeboten. Du machst Kommunikationstrainings, Zeitmanagementtrainings und diverse andere Dinge. Nun hast du beschlossen, dass du gerne als Zeitmanagementexperte wahrgenommen werden willst. Gleichzeitig hast du aber Bedenken, dich festzulegen, da die anderen Trainings einen nicht unerheblichen Anteil deiner Umsätze einbringen.

Zeige dich nach außen, etwa auf deiner Webseite so, wie du wahrgenommen werden willst.

Entschlossene Menschen schneiden gerne die alten Zöpfe ab, um sich auf einen einzigen Aspekt zu spezialisieren. Das mag ein gutes Vorgehen sein, sofern man sich das leisten kann. Ich empfehle vielen meiner Kunden jedoch, die Zöpfe nicht abzuschneiden und das, wovon sie leben, weiter durchzuführen und damit ihre Existenzgrundlage zu sichern. Entscheidend ist, diese »Fremdtätigkeiten« in der Außenwirkung, also auf der Webseite, in den sozialen Medien, bei Interviews oder anderen Auftritten, möglichst nicht mehr zu zeigen oder, wenn, dann nur in einem verhältnismäßig kleinen Rahmen sichtbar zu machen. Dann können sie über die nächsten Monate hinweg in die Rolle hineinwachsen, die ihre spitzere Positionierung vorgibt.

Wenn das für dich absolut nicht infrage kommt, bleibt dir immer noch die bereits beschriebene Mantelpositionierung.

Narben haben mehr als einen Nutzen

Einen Punkt darf ich hier auf keinen Fall unerwähnt lassen, und dieser Punkt betrifft die Narben, die mentalen, seelischen oder im schlimmsten Fall körperlichen Narben. So viele Menschen haben so viel Schreckliches erleben müssen, sei es in der Kindheit, in der Jugend oder im Erwachsenenalter. Narben, die sich durch psychischen oder physischen Missbrauch, durch Krankheiten oder andere Schicksalsschläge ergeben haben. Narben, die uns haben leiden lassen, die uns vielleicht lange Zeit nicht das Leben haben leben lassen, wie wir es gerne gelebt hätten. Zweifelsohne sind die Narben bei manchen Menschen größer und bei anderen glücklicherweise kleiner. Tatsächlich kenne ich nur wenige Menschen, die von sich behaupten können, dass sie ohne Narben durchs Leben gekommen sind.

Wenn wir aus einer solchen verletzenden Situation, die Narben hinterlassen hat, gestärkt hervorgehen – und das wünsche ich jedem Menschen von Herzen –, dann ist das hilfreich, auch wenn uns das oft nicht bewusst ist. Häufig ist ein Zusammenbruch der erste Schritt für einen Durchbruch im Leben. Alle großartigen Menschen, die ich bisher in meinem Leben kennenlernen durfte, waren Menschen, die auch gerade deswegen so großartig waren, weil sie schon mit der einen oder anderen Narbe oder Verletzung in ihrem Leben umgehen lernen mussten. Die These, die ich aufstelle, ist, dass unsere Narben uns oft noch besser und besonderer machen, als wir ohnehin schon sind.

Eines der besten Beispiele ist der 11. September 2001, an dem durch Terroranschläge die Zwillingstürme des World Trade Center zerstört und unzählige Menschenleben ausgelöscht wurden. Dieser schicksalsschwere Tag hat eine der größten Verletzungen und Narben hinterlassen, die die Stadt New York jemals erlitten hat. Seither erlebe ich New York und seine Einwohner anders als früher, denn ich war früher und bin auch heute noch mehrmals im Jahr in dieser großartigen Stadt. (Habe ich schon erwähnt, dass New York meine absolute Lieblingsstadt ist? Vermutlich schon. Egal, ich tue es hier einfach noch einmal, weil ich diese Stadt so liebe!)

Wenn ich vor 9/11 in New York unterwegs war, dann war die Stadt einfach nur schnell, nur »speedy«. Wäre ich aus Versehen gestolpert und hingefallen, wäre es gut möglich gewesen, dass alle an mir vorbeigerauscht, ja notfalls sogar über mich gestiegen wären, denn niemand hat hier Zeit, etwas anderes zu tun. Alle haben Hektik. Die Message ist eindeutig: Entweder du kommst mit der Geschwindigkeit klar oder du kommst unter die Räder. Nach dem schrecklichen Terroranschlag von 9/11 hatte ich das Gefühl, dass sich die Seele der Stadt völlig verändert hatte. Heute kannst du schon gar nicht mehr hinfallen, weil bereits in dem Moment, in dem du taumelst, Passanten um dich herumstehen werden, um dich aufzufangen.

Unsere Narben machen uns oft noch besser und besonderer, als wir ohnehin schon sind.

Einmal wollte ich mit dem Bus fahren, fand aber peinlicherweise mein Ticket, das ich zur Entwertung in den Automaten stecken sollte, einfach nicht. Meine Unbeholfenheit führte aber wider Erwarten nicht dazu, dass ich von den Wartenden angepöbelt wurde, ganz im Gegenteil: Bevor ich schauen und reagieren konnte, hatte ein anderer Fahrgast für mich sein Ticket entwertet und damit bezahlt. Ein Zeichen der Menschlichkeit, die es vor 9/11 in dieser Ausprägung nicht gegeben hätte. Nach dieser Zeit des Leidens ist New York in meinen Augen gestärkt aus dieser Situation herausgekommen.

Ein anderes Beispiel: Janis McDavid war ein Teilnehmer unseres GOLD-Programms und ist ein ganz besonderer Mann, der zweifelsohne Außergewöhnliches erlebt hat. Janis ist ohne Arme und Beine auf die Welt gekommen – und dennoch lebt er ein Leben, das aufregender und spannender ist als das Leben vieler Menschen, die alle vier Gliedmaßen besitzen. Er konnte zwar seine körperlichen Narben nicht heilen, aber er hat gelernt, damit zu leben, weil diese Tatsache ein Teil seiner Persönlichkeit, seines Wesens ist. Er konnte seine seelischen Narben heilen und ist heute als erstklassiger Keynote-Speaker auf den Bühnen dieser Welt unterwegs.

Der erste Nutzen von Verletzungen und Narben ist also sehr persönlicher Natur: Sie können uns, wenn wir richtig damit umgehen (lernen), nicht nur wehtun und schaden, sondern auch stärken. Wir können daran wachsen und uns weiterentwickeln. Der zweite Nutzen ist eher für dein Business relevant: Du hast etwas, worüber du sprechen kannst. Denn wenn du etwas Schreckliches erlebt hast und vielleicht sogar eine Heilung erfahren durftest, dann kannst du anderen Menschen, die Ähnliches erlebt haben, helfen, ihr Leid zu heilen oder zumindest zu lindern. Oder du kannst Mitmenschen, denen ein solches Schicksal zum Glück erspart geblieben ist, unter Umständen davor bewahren, jemals in so eine Situation zu geraten. Auch wenn das jetzt sehr wirtschaftlich klingt: Unterschätze nie die Macht der Narben.

So stelle ich nun die Frage an dich: Was sind die Narben, die man dir zugefügt hat? Was sind diese möglicherweise schlimmsten Verletzungen, die du jemals hattest, deren Schmerz du noch heute fühlen kannst? Diese Erfahrungen, so schmerzhaft sie waren, können dir Kraft verleihen, um dir und anderen zu helfen. Wenn du eine schlechte Kindheit hattest, bringe Menschen bei, wie man bessere Eltern wird. Wenn dir Gräueltaten widerfahren sind und du dennoch ein hoffnungsfrohes, erfülltes Leben führst, bringe den Menschen bei, wie sie auch so ein Mindset entwickeln. Wenn du unternehmerisch gescheitert bist und dann doch noch die Kurve gekriegt hast, bringe den Menschen bei, wie man erfolgreich werden kann. Wenn du Ängste überwinden konntest, zeige anderen Menschen, wie du das geschafft hast. Wenn du Krankheiten besiegen konntest, zeige anderen Menschen, wie das geht und wie sie ihre Gesundheit stärken können. Über deine Narben kannst du Wege finden, um dich in die beste Ausgangsposition zu bringen, in die Pole Position.

Über deine Narben kannst du Wege finden, um dich in die beste Ausgangsposition zu bringen, in die Pole Position.

Makel und Macken machen einzigartig

Du glaubst, du würdest deiner Marke schaden, wenn du offen zugibst, nicht perfekt zu sein, wenn du deine Verletzbarkeit zeigst, deine Makel? Glaub mir, das wird nicht passieren, denn nichts und niemand ist perfekt. Auch Marken haben Macken.

Es ist ein großer Irrglaube, dass Marken aalglatt und perfekt sind oder sein müssen. Immer dann, wenn sie es nicht sind, sind sie erfolgreich. Schau dir nur Apple an mit seinen Tausenden Macken mit geschlossenen Betriebssystemen, die nicht offen sind für andere Stecker- und Adaptersysteme. Ebenso Microsoft, über das immer gemeckert, das aber dennoch millionenfach gekauft und genutzt wird.

Oder schau dir Wimbledon an, das älteste und prestigeträchtigste Tennisturnier der Welt. Nicht umsonst wird es auch als »heiliger Rasen« bezeichnet. Auch da gibt es Macken – oder etwas liebevoller ausgedrückt: Traditionen –, denn nach wie vor hat sich Wimbledon einen einzigartigen, altmodischen, vornehmen Charakter bewahrt. Hier gilt nach wie vor die Regelung, dass 90 Prozent der Spielerkleidung weiß sein muss.

Punkt. Das Publikum genießt während des Turniers übrigens traditionell Erdbeeren mit Sahne und erträgt Regengüsse – in dieser Region geradezu typisch –, ohne eine Miene zu verziehen.[9] Was wäre Wimbledon mit bunter Kleidung oder ohne Erdbeeren? Nicht mehr dasselbe.

Viele Marken haben so ihre Eigenheiten, für die sie gehasst oder geliebt werden. Bei McDonald's erregt beispielsweise eine Zutat regelmäßig die Gemüter. Die Marktforschung bestätigt – so habe ich es zumindest bei einem Vortrag von Prof. Dr. Blümelhuber gehört –, dass über 60 Prozent aller Kunden der Fastfood-Kette die Gewürzgurke auf dem Burger nicht mögen und darum vor dem Verzehr einem immergleichen Ritual folgen: Packung öffnen, Bun anheben, die in der Mitte befindliche Gurkenscheibe herausfummeln und den Deckel wieder drauflegen. Erst dann wird in den Burger gebissen. Selbst wenn man bei der Bestellung »ohne Gurke« verlangt hat, geht man doch lieber auf Nummer sicher, nicht wahr? Nun könnte man sich fragen: Wenn so viele Kunden die Gurke nicht mögen, wäre es mehr als logischer Service am Kunden, die Gurke wegzulassen, oder? Aber es gibt Gründe, es nicht zu tun; es ist eben die Macke von McDonald's.

Auch Marken haben Macken.

McDonald's hat offenbar für Gurken ein besonderes Faible; so stand am 10. Dezember 2020 auf der Webseite: »Unzählige Bräuche hat das Weihnachtsfest hervorgebracht. Einer davon und vielleicht ein wenig in Vergessenheit geraten ist der Brauch, eine ›Weihnachtsgurke‹ zwischen den grünen Zweigen am bunt geschmückten Weihnachtsbaum zu finden. Der Finder erhält dann ein besonderes Geschenk. Die ›Christmas Pickle‹, heute eher eine amerikanische Tradition, stammt ursprünglich aus dem Deutschland des frühen 20. Jahrhunderts.«[10] Es heißt, dass in Lauscha, einem Ort in Thüringen, gläserner Christbaumschmuck in Form von Gemüse geblasen wurde – darunter eben auch Gurken. Diese fanden ihren Weg über den großen Teich und wurden dort zum Weihnachtsbrauch.[11]

Die Fastfood-Kette nutzt also geschickt die umstrittene Gewürzgurke, um Content und Aufmerksamkeit zu generieren: Es gab einen passenden Spot zur Geschichte der Weihnachtsgurke, der im Fernsehen und im Internet gezeigt wurde,[12] und für die Kunden – genauer: registrierte Nutzer der McDonald's-App – wurde im Adventskalender eine Weihnachtsgurke versteckt. Und das ist genau das, was eine gute Positionierung erreichen soll: Sichtbarkeit.

Die Illusion der Authentizität

Früher oder später kommt bei der Positionierung auch der Begriff »Authentizität« ins Spiel. Es ist ein Irrglaube, dass man authentisch sein muss, und ich liebe es, mit dieser Aussage hier und jetzt eine Diskussion mit deinem inneren Kritiker, mit dir und der Welt anzuzetteln.

Es ist ein Irrglaube, dass man authentisch sein muss.

Ich glaube nicht an Authentizität, und zwar nicht deswegen, weil man allein das Wort kaum aussprechen kann, ohne sich die Zunge zu verknoten, sondern weil ich glaube, dass es sie so nicht gibt. Wenn man das Wort googelt, werden auch Fragen aufgelistet, die dazu gestellt werden. Eine der ersten Fragen lautet: »Was ist ein authentischer Mensch?« Die Antwort: »Authentische Menschen wirken in der Regel wahrhaftig, ungekünstelt, offen und entspannt. Ein authentischer Mensch strahlt aus, dass er oder sie zu sich selbst steht, zu den eigenen Stärken und Schwächen. So jemand ist im Einklang mit sich selbst – und das spürt auch die Umwelt.«[13] Und ich sage, das stimmt nicht.

Ich behaupte, dass wir in einer Rolle – zumindest in einer neuen, die meistens, wie es Motivationstrainer so schön ausdrücken, »außerhalb unserer Komfortzone« liegt, eben nicht authentisch sind, es gar nicht sein können.

Ich selbst bin auf der Bühne immer noch nicht authentisch im Sinne von »Gib dich nach außen, wie du bist«, auch wenn diese Rolle für mich alles andere als neu ist. Zumindest bin ich nicht authentisch im Vergleich zu dem, wie man mich sonst wahrnehmen würde, ganz privat. Ich bin im normalen, alltäglichen Leben nämlich eher introvertiert, ja, fast schüchtern und extrem gesprächsfaul. Und wenn ich an meine ersten Auftritte zurückdenke – die waren garantiert alles andere als authentisch. Vor großem Publikum erst recht. Wenn du vor 10 000 Leuten auf der Bühne stehst, dann bekommst du gar nicht mehr mit, dass Menschen da sind. Das Einzige, was du siehst, ist das grelle Licht der Scheinwerfer, die auf dich gerichtet sind. Deine Bewegungen, deine Gesten, deine Art, Dinge zu zeigen, ist auf einer großen Bühne, im Mittelpunkt der Aufmerksamkeit, ganz anders als im normalen Leben. Besser gesagt: Es muss ganz anders sein, um vor 10 000 Leuten zu wirken.

Ich denke gerade an einen jungen Menschen, der sich in der heutigen Zeit (wenn auch wenig sinnvoll, aber das sei einmal dahingestellt) zu einer Banklehre entschließt. Dann darf diese Person plötzlich tagein, tagaus im Anzug oder im Kostüm am Schalter stehen und Kundenwünsche erfüllen. Wie kann ein Anzug oder ein Kostüm authentisch sein – ein Kleidungsstück, das dieser junge Mensch in den letzten 18 Jahren außer bei Kommunion, Firmung beziehungsweise Konfirmation und Abschlussball nie getragen hat. Von der einen oder anderen Trauerfeier reden wir erst gar nicht. Das ist eine Verkleidung, sonst nichts. Allerdings, wenn diese Person die nächsten 30 Jahre ihres Berufslebens mit Anzug und Krawatte beziehungsweise Rock und Bluse hinter dem Schalter gestanden hat, dürfte sie mittlerweile in dieser Rolle und in dem Aufzug authentisch geworden sein. Wahrscheinlich würde die Person in einer legeren Jeans plötzlich als unauthentisch wahrgenommen.

Menschen, die zum ersten Mal ihre Botschaften senden, scheinen mir selten authentisch zu sein. Ganz im Gegenteil, diese neue Rolle, wie so vielen neue Rollen, die wir im Leben einnehmen, darf erst gefunden werden. Wir müssen sie uns zu eigen machen.

Ich will an dieser Stelle das Philosophieren über das Thema Authentizität nicht überstrapazieren. Mit diesem Thema alleine lässt sich ein ganzes Buch füllen, vielleicht sogar viele Bücher. Und sicherlich sind meine Ausführungen nicht vollends ausgereift und bieten genug Angriffsfläche für eine Diskussion. An dieser Stelle genügt es mir, dir den Gedanken mitzugeben, dass wir möglicherweise nicht immer oder zumindest nicht von Beginn an authentisch sind und in einer gewissen Art und Weise in Rollen hineinwachsen müssen. Wenn das für dich und deine zukünftigen Vorhaben hilfreich ist, dann ist das wunderbar. Wenn dem nicht so ist, dann ignoriere gerne diesen Abschnitt.

Sei du selbst

Ich habe das Gefühl, dass viele Menschen glauben, sich ständig neu erfinden zu müssen, weil sie so, wie sie sind, nicht gut genug zu sein scheinen. Ich halte es für schwierig, sich komplett neu zu erfinden. Das geht schon, ist manchmal auch nötig, aber ist das Ergebnis tatsächlich etwas wirklich Neues? Das sprichwörtliche Neuerfinden ist doch oftmals gar keine totale Umkehr oder eine komplette Veränderung einer Person, sondern eher eine Adaption oder eine Fokussierung eines bestehenden Konzepts auf die Zukunft.

Wer eine Karriere plant, sollte meiner Meinung nach auf dem aufbauen, was er schon hat. Denn das, was wir bisher erlebt haben, ist eine gute Basis. Also, nimm das, was du schon im Leben erfahren durftest oder musstest, auch gerne die Narben, die dir zugefügt wurden, um darüber zu berichten, was du aus diesen Erfahrungen gelernt hast – freiwillig oder notgedrungen.

Wer eine Karriere plant, sollte meiner Meinung nach auf dem aufbauen, was er schon hat.

Viele Interessierte, die Trainer oder Speaker werden wollen, fragen mich, in welchem Bereich das wohl am besten gelänge. Ich frage dann immer: »Was hast du denn schon getan?« Die Amerikaner sagen so schön: »Been there, done that.« Diese Aussage steht dafür, dass jemand bestimmte Erfahrungen schon gemacht oder etwas Bestimmtes erlebt hat. Es geht also um persönliche Erfahrungen, die Person war live dabei, als etwas passiert ist. Das – gepaart mit dem Herzensanliegen (dazu später mehr) – ergibt am meisten Sinn.

Erfolge zeichnen sich im Leben nicht allein dadurch aus, was wir alles tun, also unsere abgearbeiteten To-do-Listen und Errungenschaften, sondern auch durch das, was wir alles *nicht* tun, gewissermaßen unsere Not-to-do-Listen. Je mehr wir uns erlauben, Dinge nicht (mehr) zu tun, umso klarer wird unsere Positionierung. Was darfst, sollst, musst du weglassen aus deinem schier unerschöpflichen Bauchladen der Themen und Tätigkeitsfelder, um deine Stärken darauf zu fokussieren, was deine echte Qualität zum Ausdruck bringt? Oder anders ausgedrückt: Was sind die Dinge, die nicht zu dir passen?

Das Why kommt mit dem aktiven Leben

Heutzutage glauben viele Menschen, dass sie unbedingt ihr »Why« herausfinden müssen. Eine Frage nach dem Warum, die es in meiner Generation überhaupt nicht gegeben hat. Tatsächlich stand man früher auf, verrichtete die Tätigkeiten, die eben zu tun waren, und ging abends wieder ins Bett. Nächster Tag – gleiches Spiel. Die Suche nach einem tieferen Sinn wäre wahrscheinlich belächelt worden. Und ein Why birgt zusätzlich die Gefahr, egoistisch zu sein. Wie wäre es stattdessen mit einem »Wofür«? Bei meinem Schuldenberg damals war ziemlich eindeutig, was mich antrieb: Ich wollte einfach keine Schulden haben. Ich wollte nicht, dass die Bank zweimal am Tag bei mir anrief. Tiefer reichten meine Überlegungen nicht.

Wenn ich mir den Umgang mit dieser Frage ansehe, dann habe ich zunehmend das Gefühl, dass die Sinnsuche viele eher behindert, als sie zu beflügeln. Viele Menschen verschwenden Wochen, Monate, Jahre, also Unmengen an wertvoller Lebenszeit, um eine Antwort auf die Frage nach dem Warum zu finden. Das halte ich deshalb für schädlich und gefährlich, weil sich viele Wege erst durch das Beschreiten, durch das Gehen – und nicht durch das Grübeln – ergeben. Vergleichbar mit dem Spruch »Der Appetit kommt beim Essen« gilt für mich: »Das Why kommt mit dem aktiven Leben und entwickelt sich als Antwort auf die Schritte, die wir gehen.«

Erst vor Kurzem hörte ich bei einem Live-Coaching auf Clubhouse mit. Ein Coachee wollte wissen, warum sich die Erfolge nicht einstellen wollten, die er sich so sehr wünschte. Ich hätte mit äußerst pragmatischen und vor allen Dingen tätigkeitsreichen Vorschlägen geantwortet, also dass er mehr Fleiß an den Tag legen und sich schlichtweg aktiver um die Umsetzung seiner Ziele kümmern müsse. Der Coach auf Clubhouse dagegen meinte, es könne daran liegen, dass er sein Why noch nicht stark genug herausgearbeitet habe. Der Coachee stimmte sofort zu und gelobte, noch intensiver über sein Warum nachzudenken. Hallo?! Vom reinen Nachdenken über das Why werden sich unter Umständen – und selbst das bezweifle ich ein wenig – Antworten ergeben, aber garantiert keine unmittelbaren Erfolge einstellen.

Ich kenne genügend Leute, die auch ohne ausformuliertes Why erfolgreich sind und die Pole Position erobert haben. Ist ja auch logisch: Während die einen noch grübeln, zaudern und sich die Haare raufen, setzen die anderen längst um und sind deswegen erfolgreich, weil sie sich die Zeit für ihren Erfolg nehmen, loslegen ohne die Frage nach dem Warum – deren Relevanz ich hier gerade infrage stelle – beantwortet zu haben.

Es gibt einen Grund, warum das Why so populär wurde – und der heißt Simon Sinek. Die Fragestellung, die Sinek, nachdem er sein Jurastudium abgebrochen hatte, um in der Werbebranche zu arbeiten, in seinem ersten TEDx Talk beschrieb. »Wie großartige Führungspersönlichkeiten zur Handlung inspirieren« ist eines der meistgesehenen TEDx-Videos auf TED.com. Sinek hat dies auf eine Formel gebracht, die ihn zu einem der meistzitierten TED-Talk-Sprecher überhaupt machte: ›Start with why!‹ Das wurde auch der Titel seines internationalen Bestsellers. Sein Buch wurde in zahlreiche Sprachen übersetzt. Sinek ist heute Autor für die *New York Times* und die *Washington Post* und seine Methoden finden in der Ausbildung an der Nellis Air Force Base Verwendung. Seine Botschaft: »Menschen kaufen nicht, was man macht; sie kaufen, warum man etwas macht.«[14] Weniger erfolgreiche Menschen, so Sinek, beginnen mit dem

Viele Menschen verschwenden Wochen, Monate, Jahre, also Unmengen an wertvoller Lebenszeit, um eine Antwort auf die Frage nach dem Warum zu finden.

Was und gehen über das Wie zum Warum. Begeisternde und damit erfolgreiche Menschen machen es genau andersherum.[15]

Dabei gibt es Kritiker wie Professor Veit Etzold: »Die erste Frage ist manchmal sehr schnell und klar, manchmal aber unendlich schwierig zu beantworten. Es ist die Frage nach dem ›Warum?‹«.[16] Lex Sisney, ein Experte für die Skalierung von Unternehmen, meint, dass aus Business-Sicht das »Who«, also das »Wer«, noch vor das Warum gestellt werden sollte. Er glaubt aber auch, dass Simon Sinek das eigentlich auch erkannt hat. Seiner Meinung nach bauen große Unternehmen ihre Identität auf, indem sie zunächst definieren und verstärken, wem sie dienen und welches Kundenproblem oder Bedürfnis sie auf dem Markt lösen wollen. Erst dann kommt das Why. Andernfalls wären sie schnell aus dem Geschäft, egal wie inspirierend ihr Leitbild ist. »Auf diese Weise konzentriert man die Bemühungen des Unternehmens auf das Wichtigste – die Erfüllung der Kundenbedürfnisse – und durch die Überwachung und Anpassung an diese Bedürfnisse bewirkt man, dass sich das Unternehmen im Laufe der Zeit anpasst und innovativ wird.«[17]

Ein weiterer Kritiker bin ich. Denn in seinem Vortrag beschrieb Sinek lediglich, dass Führungspersönlichkeiten oder Unternehmen wie Apple oder die Gebrüder Wright nach dem Why fragen. Die Besonderheit liegt darin, dass das, was Sinek herausgearbeitet hat, lediglich eine Vermutung, also eine These ist. Er unterstellt den Protagonisten seines Vortrags, die zum Teil schon verstorben sind, dass sie so handeln. Ob diese Behauptung aber der Wahrheit entspricht, ob diese also wirklich ein Why für sich beantwortet hatten, bleibt ungewiss. Aber er erzählt uns eine Geschichte – eine wirklich gute Geschichte! –, die sein Leben zum Erfolg wandelte und viele Leben veränderte, manche zum Erfolg führte und manche zur Grübelei verdammte.

Und gerade weil es so eine wunderbare Geschichte war, die ihn und so viele Menschen beflügelte, glaube ich weniger an das Why, sondern vielmehr an die Story. Besser gesagt an all die Geschichten, die wir uns erzählen, die natürlich ein Why beinhalten dürfen, aber eben nicht zwingend müssen. Es ist die Identität, die wir uns selbst zuschreiben und beschreiben. Anders ausgedrückt: Erfolg beginnt nie mit einem äußerlichen Zustand, etwa einem Job, einem Abschluss oder mit Geld. Es geht darum, welche Story du dir (und später anderen) jeden Tag über dich selbst erzählst. Sie haucht deiner Positionierung Leben ein und ist einzigartig.

Ich glaube weniger an das Why, sondern vielmehr an die Story.

Du bist auf dieser Welt kein Zufall

Wir reden uns ja gerne ein, dass ein einzelner Mensch nichts bewirken könne. Dabei gibt es genügend Beweise, die dagegensprechen: Das Einzige, was bisher auf dieser Welt funktioniert hat, war, dass einzelne Menschen die Welt verändert haben. Falls du mir nicht glaubst, schau ins Internet! Die Website Whoswho.de »entstand aus der Leidenschaft für Menschen und ihre Geschichten, die in vielen Fällen maßgeblich unsere Welt und unser aller Leben mehr oder weniger mitgeprägt haben. Lebenswege, die mahnen, erstaunen, inspirieren, uns zur Vorsicht aufrufen oder uns Mut machen«[18].

Das Redaktionsteam hat neben unzähligen Biografien verschiedene Listen erstellt, zum Beispiel die »100 einflussreichsten Frauen der Menschheitsgeschichte«, auf der sich Herrscherinnen, Politikerinnen, Schriftstellerinnen, Künstlerinnen, Wissenschaftlerinnen, Friedensrechtlerinnen, Aktivistinnen und viele mehr finden, die einen Beitrag zu unserer

Welt, wie sie heute ist, geleistet haben. Auf der Liste mit den »100 einflussreichsten Persönlichkeiten« stehen Frauen und Männer gleichermaßen – und auch hier ergibt sich ein buntes Bild: Dichter, Denker, Philosophen, Wissenschaftler und Religionsführer, Herrscher, Feldherren und Politiker, Entdecker, Ingenieure, Unternehmer und Künstler et cetera sind hier vertreten. Es gibt auch eine Liste mit »Erfindern, Entdeckern und Erleuchteten«. Hier findet wohl jeder etwas zur Inspiration.

Kleine Ideen und Aktionen von Einzelpersonen können mitunter hohe Wellen schlagen.

Viele Menschen treten ja ursprünglich auch gar nicht mit dem Gedanken an, die Welt zu verändern. Sie folgen lediglich ihrem Herzen, ihrer Leidenschaft, ihrer Sehnsucht, ihren Wünschen, und erzielen damit Erfolge, die in manchen Fällen weit über ihre Vorstellungskraft hinausgehen. Alles Weitere ergibt sich im Laufe der Zeit, weil ihre Taten viele andere Menschen inspirieren und ins Handeln bringen. So können kleine Ideen und Aktionen von Einzelpersonen mitunter hohe Wellen schlagen.

Für Kranke und Verwundete

Henry Dunant war schon in jungen Jahren mit Armen, Kranken und Bedürftigen in Kontakt und engagierte sich in dem Bereich. Ein Schlüsselerlebnis war jedoch 1859 die Schlacht bei Solferino, insbesondere die erschreckenden Zustände unter den Verwundeten, wogegen er direkt etwas tun wollte und eine Hilfsaktion ins Leben rief. Er schrieb zudem ein Buch mit dem Titel *Eine Erinnerung an Solferino*, das er 1862 auf eigene Kosten veröffentlichte und in Europa verteilte. Seinen Ideen und seiner Publikation ist es zu verdanken, dass ein Jahr später in Genf das Internationale Komitee der Hilfsgesellschaften für die Verwundetenpflege gegründet wurde, seit 1896 besser bekannt unter dem Namen Internationales

Komitee vom Roten Kreuz. Sogar die Genfer Konvention geht wesentlich auf Vorschläge aus Dunants Buch zurück. Das war seine Sehnsucht, die er nach den schrecklichen Erlebnissen in sich spürte. Dieser Mann, der aufgrund geschäftlicher Probleme rund drei Jahrzehnte lang in Armut und Vergessenheit lebte, gilt als Begründer des Internationalen Roten Kreuzes und der Rothalbmond-Bewegung und erhielt im Jahr 1901 für diese Lebensleistung den ersten Friedensnobelpreis.[19]

Gegen Ungerechtigkeit

Die Afroamerikanerin Rosa Louise Parks wurde am 1. Dezember 1955 in Montgomery im US-Bundesstaat Alabama festgenommen. Ihr Vergehen: Sie weigerte sich strikt, ihren Sitzplatz für einen weißen Fahrgast aufzugeben. Im damaligen Amerika der Rassentrennung ein absolutes No-Go. Ihre mutige Auflehnung gegen diese Ungerechtigkeit gilt als Auslöser des sogenannten Busboykotts von Montgomery, der wiederum unter anderem den Beginn der schwarzen Bürgerrechtsbewegung und damit eine große Wende einläutete. In der Folge sollten sich nicht nur die Gesetze, sondern die Vereinigten Staaten von Amerika an sich verändern. 1996 bekam Rosa Parks die Freiheitsmedaille verliehen und Ende der 1990er Jahre listete sie das *Time*-Magazin unter den »100 bedeutendsten Menschen des 20. Jahrhunderts«.[20] Der Kreis schloss sich am 18. April 2012 – lange nach ihrem Tod –, als der erste dunkelhäutige Präsident der Vereinigten Staaten, Barack Obama, im Henry-Ford-Museum genau in dem Bus auf jenem Sitz, auf dem Rosa Parks gesessen hatte, noch einmal Platz nahm, um ihre Verdienste zu würdigen, die unter anderem Wegbereiter dafür waren, dass er der Präsident der Vereinigten Staaten hatte werden können.[21] Er sagte einst in einer Rede über sie: »Rosa Parks hatte kein gewähltes Amt inne. Sie wurde nicht in Reichtum oder Macht geboren. Doch heute vor sechzig Jahren veränderte Rosa Parks Amerika.«[22]

Für die Umwelt

Felix Finkbeiner sollte in der vierten Klasse ein Referat über den Klimawandel halten. Im Zuge dessen schlug er vor, dass Kinder in jedem Land eine Million Bäume pflanzen sollten. Doch nicht nur das. Er gründete zusammen mit anderen Kindern an seiner Schule am 28. März 2007 die Organisation Plant for the Planet. Bereits drei Jahre später pflanzte die Initiative ihren millionsten Baum und zehn Jahre später, also 2017, hatte die Organisation 130 000 Mitarbeiter, 70 000 Mitglieder in 67 Ländern und leitete mittlerweile die Billion Tree Campaign der UNO. 2009 erhielt Felix die Bayerische Staatsmedaille für besondere Verdienste um die Umwelt. 2011 war er laut *Guardian* einer der »20 Green Giants« und laut *Focus* einer der 100 einflussreichsten Deutschen. Er erhielt 2013 den Bürgerkulturpreis des Bayerischen Landtags, wurde ein Jahr später mit dem Deutschen Kulturpreis ausgezeichnet, 2015 von *Reader's Digest* zum »Europäer des Jahres« ernannt und erhielt 2016 die Verdienstmedaille des Verdienstordens der Bundesrepublik Deutschland. All das in jungen Jahren. Mittlerweile ist er promoviert an der ETH Zürich im Department für Umweltsystemwissenschaften.[23]

Und er ist nicht der Einzige, der sich bereits in jungen Jahren für einen höheren Zweck einsetzt. Denk nur mal an Greta Thunberg, die für den Klimaschutz kämpft, Malala Yousafzai, die sich für Mädchen und deren Recht auf Bildung engagiert, oder Borat Slat, der die Weltmeere von Plastikmüll befreien will, um nur einige zu nennen.[24] Bestimmt fallen dir auch ganz viele Beispiele von Leuten ein, die die Welt verändert und/oder ihre Mitmenschen inspiriert haben. Womöglich erkennst du sogar in deinem direkten Umfeld so jemanden – du musst nur genau hinsehen. Und du kannst ebenso Einfluss nehmen!

Niemand ist zufällig auf dieser Welt. Das gilt für mich, für dich, für jeden von uns. Es gibt also einen Grund, warum du geboren bist. Mark Twain sagte einmal so schön: »Die beiden wichtigsten Tage in deinem Leben sind der Tag, an dem du geboren wurdest, und der Tag, an dem du herausfindest, warum.« Und selbst wenn du den Grund (noch) nicht kennst, so ist er dennoch vorhanden, denn die Sehnsucht ist längst in dir. Die entscheidende Frage, der du mal auf den Grund gehen solltest, lautet daher ganz einfach: Welche Sehnsucht hast du?

Niemand ist zufällig auf dieser Welt. Das gilt für mich, für dich, für jeden von uns.

Daher frage ich dich nun – und es geht nicht um die Größenordnung und nicht um den Ruhm und nicht um den Reichtum: Welche Botschaft wird man von dir, auf welchen Bühnen auch immer, hören? Das muss nichts Außergewöhnliches sein. Es sind oftmals die Kleinigkeiten, die eine enorm großen Wirkung entfalten und am Ende die Welt verändern. Der positive Nutzen, die Veränderung steht im Vordergrund, die du für Einzelpersonen, für Unternehmen oder sogar für die ganze Menschheit schaffst. Damit gehörst du zu den Menschen, die Ideen, Strategien, Projekte und Unternehmen bewegen und damit als Wegbereiter und Inspiratoren positiven Einfluss auf Welt und Wirtschaft nehmen können.

Dein Herzensanliegen

Bevor wir checken können, ob du mit deiner Positionierung Geld verdienen kannst, musst du dir darüber klar werden, was du willst, was du wirklich, wirklich willst. Welche Positionierung willst du beziehungsweise will dein Herz gern einnehmen? Die Differenzierung zwischen dir und deinem Herzen nehme ich deswegen vor, weil ich glaube, dass unser Verstand der größte Verräter unseres Herzens ist.

Wenn wir rational auf das schauen, was wir gern tun wollen, scheint es kaum möglich zu sein, wahrheitsgetreu auf das eigene Ich, auf die eigenen Bedürfnisse zu schauen. Schon allein deswegen nicht, weil wir alle unsere Zweifel und Ängste, Hoffnungen, Hemmungen, Minderwertigkeitsgefühle, Konkurrenzgedanken, Marktkonformitätsgedanken et cetera in uns tragen. Unser Verstand kalkuliert Dinge mit ein, auf die unser Herz nicht achten würde. Unser Verstand denkt sofort an Risiken, Befindlichkeiten, Hürden und Grenzen – alles Dinge, die unserem Herzen unbekannt sind.

Ich glaube, dass unser Verstand der größte Verräter unseres Herzens ist.

Wenn ich dich frage: Was will dein Herz?, dann meine ich damit: Was willst du wirklich, was wäre dein größter Wunsch? Wofür würdest du einstehen, wenn es keine Grenzen gäbe? Was würdest du tun, wenn ein Misserfolg ausgeschlossen wäre? Was ist es, das dich im Innersten antreibt? Weswegen würdest du am liebsten in der Früh aus dem Bett springen und lauthals »Hurra« schreien? Was ist es, das für dich den Montag zum schönsten Tag der Woche macht? Diese Frage ist so entscheidend, weil wir in unserem Herzens-Business immer erfolgreicher sein werden als in einem Business, das wir nur ausüben, um Geld damit zu verdienen. Das hat ganz viel mit innerem Antrieb, Leidenschaft und Glückseligkeit zu tun.

Ich hatte mich damals entschieden, in die Business-Richtung zu gehen und über Verkauf, Umsatz und Unternehmenserfolg zu sprechen, obwohl ich im Herzen eigentlich Motivationsredner werden wollte. Aber wie gesagt: Es gab schon einen Redner und mein Hirn ließ mich glauben, dass es für einen zweiten keinen Platz im Markt gäbe. Ich habe mich gegen mein Herz entschieden und bin dennoch damit erfolgreich geworden, sogar sehr erfolgreich. Das mag ich gar nicht leugnen. Die Frage, die aber für immer unbeantwortet bleiben wird: Wie erfolgreich wäre ich wohl mit meinem wahren Herzens-Business geworden?

Ich gehöre nicht zu den Autoren, die Checklisten zum Ausfüllen in ihre Bücher einbauen, damit die Menschen an sich arbeiten können. Das mag daran liegen, dass ich diese Art von klassischem Ratgeber einfach nicht leiden kann. Ich gebe auch zu, dass ich als Redner und Trainer kein Schmusepeter bin und schon gar kein Freund von tausend Übungen und Rollenspielen und sonstigen Klimbim, das in meinen Augen häufig nur Zeit verschwendet und dem Kursleiter die Möglichkeit gibt, ein entspanntes Leben zu führen und dabei wenig zu arbeiten. Ich bin jemand, der Fakten bevorzugt, der die Dinge schnell, pragmatisch und fokussiert voranbringen will. Aber das nützt natürlich alles nichts, wenn das Herz bei der Entwicklung nicht mitreisen kann.

Was willst du? Was will dein Herz? Wofür bist du angetreten?

Wenn ich also eine Stelle in diesem Buch nennen sollte, an der du dich zurückziehen und in Ruhe darüber nachdenken solltest, dann wäre es genau diese hier. Jetzt frage ich dich: »Was willst du? Was will dein Herz? Wofür bist du angetreten?« Ich möchte dich bewusst in diese wichtige Denkpause schicken, denn ich erlebe einfach zu oft, dass Menschen zu mir kommen und nicht wissen, was sie wirklich wollen. Ich hoffe ja inständig, dass sie im besten Fall doch wissen, was sie wollen, nur den Zugang dazu nicht haben, weil sie zu sehr im Außen suchen oder sich erfolgreich eingeredet haben, nicht gut genug, nicht wissend genug, nicht erfahren genug zu sein, um dem Bild zu genügen, von dem sie glauben, ihm genügen zu müssen.

Wenn dir die Frage »Was will dein Herz?« zu esoterisch anmutet und du damit nichts anfangen kannst, hilft dir vielleicht eine der folgenden Fragen, um dein Innerstes zu ergründen: Was ist der Grund, warum du auf dieser Welt bist? Was treibt dich an? Wofür stehst du? Was ist die Story, die du dir über dich erzählen willst? Was willst du in dieser Welt ändern, um sie – wie auch immer – ein klitzekleines bisschen besser zu machen?

Bevor du dich auf Spurensuche begibst, spüre einmal bewusst die Kraft deines Herzens, das rund 100 000 Mal am Tag kräftig für dich schlägt und dich am Leben erhält. Sei dankbar dafür, dass es schlägt, dass es bisher immer geschlagen hat. Du hast in deinem Leben schon vieles erleben dürfen, erleben müssen. Dein Herz war immer für dich da. Das ist nicht zu bezahlen, du musst es nicht verdienen, es war dein Geburtsgeschenk.

Eine Reise zu deinem Herzen

Auf YouTube gibt es eine Erlebnismeditation von mir, eine Journey, eine Abenteuerreise, deren Text ich hier für dich abgedruckt habe.[25] Vielleicht hilft sie dir, zu deinem Herzensanliegen vorzudringen.

> Wofür bist du angetreten? Viele Menschen haben ihr Leben gegeben, haben alles gegeben, haben mit ihrem Schaffen und ihrem Werk einen Beitrag dazu geleistet, dass nicht nur sie selbst, sondern alle vorangekommen sind. Sie haben dafür gesorgt, dass die Menschheit nun da steht, wo sie steht – wo auch immer das ist.
>
> Es waren grob 100 Milliarden Menschen, die mit den Worten angetreten sind, dass es ihren Kindern einmal besser gehen soll. Das sind 100 Milliarden Träume von Menschen, von denen knapp ein Zehntel noch lebt und deren Traum immer noch geträumt wird. Aber neun Zehntel, also 90 Milliarden Menschen, haben ihren Traum zu Ende geträumt und sind gestorben. Das sind

90 Milliarden Gräber, auf denen wir täglich bewusst oder unbewusst wandeln. Das ist eine 90-milliardenfache Verantwortung. Denn die meisten Menschen sind einmal dafür angetreten, die Welt voranzubringen, sie besser zu hinterlassen, als sie sie vorgefunden haben.

So lautet nun meine Frage an dich: Wofür bist *du* angetreten? Warum bist *du* hier auf dieser Erde? Was willst *du* bewegen?

Was hat die menschliche Schöpferkraft schon alles bewegt? Die Kriege, die geführt wurden, aus welchen Überzeugungen heraus auch immer, die Länder, die erobert und besiedelt wurden, die unendlich vielen Lebenswerke, die geschaffen wurden, die Bibel, die Erzählungen aus *Tausendundeiner Nacht*, Dantes *Göttliche Komödie*, *Robinson Crusoe*, *Die Leiden des jungen Werther* und Casanovas Geschichten, *Moby Dick* und *Alice im Wunderland*, die *Buddenbrooks* und der *Steppenwolf*, Kafkas *Schloss* und *Don Quixote*. Die Gestirne, die erkundet wurden, die *Mona Lisa*, die gemalt wurde, der *David*, der herausgemeißelt wurde, die Pyramiden, die errichtet wurden, die Chinesische Mauer, die Golden Gate Bridge, das Taj Mahal, der Eiffelturm, die Freiheitsstatue, der Petersdom, das Kolosseum, die Tempelanlage Angkor Wat, der Potala Palast, der Dogenpalast, der Burj Khalifa und sogar das Hofbräuhaus.

Was wäre unsere Welt, wenn es die handwerkliche Schöpferkraft nicht gäbe? Keine Häuser, keine Räder, keine Maschinen, keine Werkzeuge, es gäbe nichts, rein gar nichts. Schau auf all das, was Handwerk, Wirtschaft, Wissenschaft und die Kunst erschaffen haben und die Menschen, die dahinterstanden: Sokrates, Leonardo da Vinci, Mahatma Gandhi, Aristoteles, Winston Churchill, Nelson Mandela, Alexander der Große, John F. Kennedy, Dschingis Khan, Albert Einstein, Jeanne d'Arc, die Beatles, Steve Jobs, Karl der Große und Jesus Christus. Nicht zu vergessen all die Ungenannten oder Unbekannten und vor allem deine Vorfahren. Und auch, wenn du sie nicht kanntest, sie hatten ihre Träume – deine

Großeltern, dein Opa, deine Oma, dein Vater und deine Mutter und jetzt du, du mit all den Menschen und deinen Vorfahren, die nun hinter dir stehen, kraftvoll hinter dir stehen. Du bist kein Solitär. Du kannst zwar tun und lassen, was du willst, aber du darfst, da du auf den Schultern von Riesen und nun vor allen Generationen stehst, dein Leben nicht einfach vorbeiziehen lassen.

Darum überlege gut und sei ehrlich zu dir selbst. Was willst du anfangen mit deinem Leben? Wofür stehst du? Wo stehst du? Wofür hast *du* dich auf den Weg gemacht? Hast du dich auf den Weg gemacht, auf *deinen* Weg gemacht? Was willst du schaffen und erreichen? Was ist wirklich, wirklich wichtig für dich? Worauf darf, soll, wird, ja muss sich dein Fokus richten?

Bist du eines morgens aufgewacht und hast festgestellt, dass du gar nicht mehr das Leben lebst, für das du einst angetreten bist? Hast du vergessen, wovon du als Kind geträumt hast, wie sehr du die Welt verändern wolltest, bevor die Welt dich verändert hat? Wie oft hast du an Flughäfen oder Bahnhöfen die Sehnsucht oder deine Träume auf Reisen geschickt, bist aber selbst zu Hause geblieben?

Trenne dich nie von deinen Illusionen und Träumen, denn wenn sie verschwunden sind, wirst du weiter existieren, aber aufgehört haben zu leben.

Hast du in deinem Leben genug getanzt, genug Spaß gehabt? Du hast dir als Kind versprochen, etwas aus deinem Leben zu machen, und nun läufst du Gefahr, dich selbst zu enttäuschen. Zweifle nicht an dir und zweifle niemals daran, dass eine Person oder eine kleine Gruppe von Menschen die Welt verändern kann. Es ist das Einzige, was bisher funktioniert hat, denn nun bist du dran.

Gib deiner Sehnsucht nach. Lasse dich von ihr führen. Darum lebe mit all deinen Träumen, Ängsten und Wünschen. Worauf wartest du noch? Die Party hat längst begonnen! Mach dich auf den Weg, auf *deinen* Weg.

Mit Interaktion in den Vortrag starten – hoffentlich klappt es

At home

Das Event mit Bill Clinton, dem 42. Präsidenten der Vereinigten Staaten

Diplomübergabe zum
Handelsbetriebswirt von
Professorin Ingeborg Henzler

Wieder ein Vortrag mit dem Presenter in der Hand

Mit Talar und Doktorhut

Auf der Bühne habe ich immer gerne experimentiert

Bei einem großartigen Unternehmen – La Biosthétique

Das war lange Zeit
mein Profilfoto

Ich als Verehrer auf der Bühne

Auftritt in meinem Hermann Scherer Institut in Polen

Mit Brille – die Eitelkeit hat sich lange dagegen gewehrt

In meinem Lieblingssakko

»Jenseits vom Mittelmaß«
war über ein Jahrzehnt
mein Vortragstitel

Da war ich wohl wütend?

Sieht aus wie eine ernste Veranstaltung (übrigens immer mit Bahnhofsuhr)

Vorträge auf hoher See auf der Europa 2

Und immer wieder auf der Bühne – über 3000 Mal

Mein Lieblingsfoto

Wichtig, wichtig

Meine eigene Veranstaltung – wir waren maßlos überbucht, einige mussten stehen

Entspannt am Ende eines Auftritts

Mitsubishi Electric Halle in Düsseldorf

Da war ich mit einer eigenen Band unterwegs (ohne selbst zu singen)

Auf der »This is Marketing«-Stage

Im Scheinwerferlicht

Technikcheck auf dem Broadway in New York

Wieder auf See vor der Küste Somalias

Mein Event in Dubai

HERMANN
SCHERER
live

Deine Magic Moments

Schau dir deine bisherige Lebensreise an: Welches sind die ersten Momente deines Lebens, in denen du Dankbarkeit spürst? Was hast du sehen und erleben dürfen, das dich tief beeindruckt hat? Welche Erfolge durftest du feiern? Welche großartigen Dinge durftest du miterleben? Welche Geschenke hast du bereits auf dieser Welt bekommen?

Das sind alles deine *Magic Moments*. Nun tauche in diese Momente ein: Was hast du damals gehört, was hast du gesehen, was hast du gerochen, wieso oder wie hast du geschrien und gelacht, wie bist du gehüpft, wie hast du getanzt, wie stolz warst du? Erinnere dich an diese Momente, in denen du etwas Tolles erlebt hast, egal ob es ein schöner Kieselstein am Bach war, eine Übung, eine Schulklasse, ein Berg, den du bestiegen hast, oder wie du mit deinem Dissertationshut, mit deinem Studienhut, mit deiner unglaublichen Leistung belohnt wurdest. All diese Glücks- und Erfolgsmomente reihen sich aneinander und verbinden sich zu der wertvollen Person, die du heute bist. Diese wundervolle Person, deren Herz so wunderbar schlägt, für dich, nur für dich. All das bist du. All das macht dich aus.

Erfahrung bekommt man immer dann, wenn man nicht das bekommt, was man bekommen wollte.

Aber du hast vermutlich nicht nur schöne Dinge erlebt, das gehört zum Leben. Darum schau gern auch auf die andere Seite, sieh sie dir ebenfalls mit Dankbarkeit an, auch wenn es dir vielleicht anfangs schwerfällt: Was durftest du durch negative Erlebnisse lernen, welche Erfahrungen durftest du sammeln? Erfahrung bekommt man immer dann, wenn man nicht das bekommt, was man bekommen wollte. Wie oft hast du nicht das bekommen, was du angestrebt hast? Stattdessen hast du eine Lehre erhalten, eine Erfahrung gemacht und bist schließlich die vielschichtige Person geworden, die du heute bist.

Wie viele Steine, die man dir in den Weg gelegt hat, haben sich im Nachhinein als Mauern für ein wichtiges Fundament gezeigt? Geh auch in diese Momente rein, spür sie noch mal richtig, deine Wut, deinen Hass, deine Enttäuschung, deine außergewöhnlichen Emotionen, die dich an diesen Punkt im Leben gebracht haben.

Geprägt durch all meine Erfahrungen und nicht zuletzt meine Schulden bin ich dafür angetreten, Menschen zu helfen, erfolgreich zu werden und Geld zu verdienen.

Was haben all diese Dinge mit dir gemacht? Welches Wertesystem wurde dir dadurch geschenkt, welches Wertesystem hast du dir selbst aufgebaut? Bist du ein Mensch, der für Gerechtigkeit einsteht und darüber auf den Bühnen dieser Welt erzählen wird? Bist du ein Mensch, der dafür einsteht, dass Dinge geändert werden müssen, welche auch immer es sind? Spürst du Unrecht, Unwohl, Ungleichheit, Dinge, die du ändern und aus dieser Welt verbannen willst? Kannst du diese Welt so stehen lassen, oder hast du das Gefühl, dass du das eine oder andere dazu beitragen möchtest – sei es als Redner, als Consultant, als Berater, als Unternehmer, als Dienstleister, als Mensch?

Ich stehe dafür, dass Menschen Geld verdienen. Ich habe es satt, habe gestrichen die Schnauze voll davon, dass so viele Menschen nicht das verdienen, was sie wert sind. Ich bekomme so viele E-Mails von Menschen, die eine gute Ausbildung vorweisen können, viele Weiterbildungen abgeschlossen haben, viele Diplome ihr Eigen nennen, aber im schlimmsten Fall die Miete nicht bezahlen können und am Ende des Monats Tütensuppe als Luxus empfinden. Geprägt durch all meine Erfahrungen und nicht zuletzt meine Schulden bin ich dafür angetreten, Menschen zu helfen, erfolgreich zu werden und

Geld zu verdienen. Denn die Leute, die zu mir kommen, wollen kein Geld ausgeben. Sie wollen in Zukunft Geld verdienen! Das Motto meines Teams und mir lautet daher: »Wir machen andere groß.« Wir machen Menschen zu Marken, wir machen sie und ihre Expertise sichtbar, damit sie das verdienen, was sie wert sind, und die Bühnen dieser Welt erobern können.

Dein Positionierungs-Check

Sobald du weißt, was dein Herzensthema ist, kannst du prüfen, ob es lukrativ genug ist, um darauf eine solide Positionierung aufzubauen. Das machst du mit den folgenden vier Prüffragen.

Relevanz im B2B-Markt

Was nützt es, wenn du Menschen vor dir sitzen hast, die das, was du zu sagen oder anzubieten hast, nicht die Bohne interessiert? Der Schlüssel, um Menschen zu gewinnen, ist Relevanz. In dem Moment, in dem die Leute erkennen, dass das, was sie gerade wahrnehmen, für sie als Person, für ihr Unternehmen oder ihr Leben Relevanz besitzt, ist das Spiel klar.

So kommen die Menschen aus der Konsumhaltung nach dem Motto »Lass den mal machen« in die Rolle des Betroffenen. Es geht also darum, Beteiligte zu Betroffenen zu machen. Mein Spruch dazu lautet: Je höher die Schmerzrelevanz, desto höher die Buchungsakzeptanz. Die erste Frage lautet demnach: Ist dein Herzensthema nützlich/relevant für deine potenziellen Unternehmenskunden? Wenn du etwas anbietest, das deine Kunden benötigen oder unbedingt haben wollen, kannst du den Markt erobern, denn dann sind sie bereit, für dein Angebot zu bezahlen, um ihren »Schmerz« zu lindern.

Eine kleine Hilfestellung: Was wollen Unternehmen? Oder anders gefragt: Wofür würden Unternehmen Geld ausgeben? Die Antwort ist simpel: Unternehmen wollen mehr vom Guten und weniger vom Schlechten, also

- mehr Umsatz,
- mehr Gewinn,
- mehr Leistungsfähigkeit,
- höhere Performance,
- motivierte(re) Mitarbeiter,
- bessere Mitarbeiter,
- mehr Innovationen,
- mehr Kreativität,
- mehr Effizienz,
- bessere Meetings,
- mehr Kunden,
- mehr Wissen,
- mehr Mitarbeiter und so weiter.

Gleichzeitig wollen sie

- weniger Kosten,
- weniger Krankenstand,
- weniger Demotivation,
- weniger unproduktive Zeiten,
- weniger Bullshit,
- weniger Stillstand,
- weniger Ausfall und vieles mehr.

Bedient dein Thema eines der obigen Felder? Wenn du diese Frage mit Ja beantworten kannst, hast du eine wunderbare Grundlage für eine Positionierung und kannst diesen Markt erobern.

Relevanz im B2C-Markt

Es gibt eine ganze Menge von Themen, die in Unternehmen funktionieren, die aber in der breiten Öffentlichkeit keine Rolle spielen. Ebenso gibt es eine Menge von Themen, die in Unternehmen nicht funktionieren, jedoch in der breiten Öffentlichkeit eine hohe Relevanz haben.

In gewisser Art wollen Menschen das Gleiche wie Unternehmen. Wir wollen vom Guten mehr und vom Schlechten weniger. Wir wünschen uns Verbesserungen hinsichtlich Beziehungen, Chancen, Effizienz, Erfolg, Fashion, Fitness, Gedächtnis, Geld, Gesundheit, Glück, Haustiere, Idealgewicht, Karriere, Kreativität, Reisen, Schönheit, Sex, Sparen, Spiritualität, Sportlichkeit, Wissen, um nur einige zu nennen.

Viele Themen decken beide Bereiche ab, also B2B und B2C. Die Überschneidungen können mal größer, mal geringer ausfallen.

- Ein Gedächtnistrainer ist sicherlich beliebt bei einem Event, an dem Menschen teilnehmen, um ihr Gedächtnis zu verbessern. Genauso gefragt kann er in Unternehmen sein, denn Mitarbeiter mit einem besseren Gedächtnis leisten mehr.
- Das Thema Glück findet im öffentlichen Bereich Zuspruch, doch mittlerweile gibt es auch die ersten Speaker, die tatsächlich mit dem Thema »Business-Glück« die Bühnen in den Unternehmen erobern. Keine Frage, Mitarbeiter, die bei der Arbeit glücklicher sind, bringen garantiert mehr Leistung.
- Ein Hundetrainer – übrigens ein Multi-Millionen-Markt – kann seine Leistungen zum Beispiel in Unternehmen mit (Schutz-)Hunden, bei Behörden und beim Militär erfolgreich anbieten. Es gibt sogar den Bundesverband Bürohund.

Im B2C-Bereich sind im Grunde alle Hundehalter potenzielle Kunden.

Bedient dein Thema eines der obigen Felder? Wenn du diese Frage mit Ja beantworten kannst, hast du eine wunderbare Grundlage für eine Positionierung und kannst diesen Markt erobern.

Kuriosität

Hast du ein verrücktes Thema? Ist es kurios? Machst du etwas Außergewöhnliches? Hat man so etwas (fast) noch nie gesehen? Ist das echt speziell? Oder ist es sogar streitbar? Wenn einer dieser Punkte oder ähnliche Aspekte auf dich und dein Herzensthema zutreffen, bist du gut positioniert. Denn Menschen lieben es, mehr über kuriose Dinge zu erfahren. Diese Positionierung ist insbesondere spannend für Bücher und (soziale) Medien.

- Peter Wohlleben, ein Förster, war mittlerweile schon dreimal bei Markus Lanz in der Sendung, bevor diese gesellschaftskritisch wurde. Er hat mittlerweile ein knappes Dutzend Bücher geschrieben, unter anderem *Das geheime Leben der Bäume*. Er beschreibt darin, dass Bäume miteinander kommunizieren, aber auch ihren Nachwuchs und alte und kranke Baumnachbarn liebevoll umsorgen und pflegen. Bäume haben demnach Empfindungen, Gefühle, ein Gedächtnis. Das ist unglaublich, aber wahr. Das ist kurios, aber auch streitbar.
- Es gibt ein Ehepaar, das mit einem motorisierten Flugdrachen um die halbe Welt geflogen ist und dadurch TV-Resonanz und Umsatz erzielte.

Wenn du also mit einem Tretboot übers Meer fährst, einen Hamster hast, der Mumps hat, seit Jahren eine Fernbeziehung über 10 000 Kilometer führst, mit dem VW-Bus um die Welt tuckerst, täglich drei Stunden Fitness machst oder Ähnliches, ist das deine Chance, damit sichtbar und vermarktbar zu werden. Je mehr Kopfschütteln oder Erstaunen du generieren kannst, umso besser! Menschen kaufen Kuriositäten nicht nur auf dem Jahrmarkt.

Bedient dein Thema eines der obigen Felder? Wenn du diese Frage mit Ja beantworten kannst, hast du eine wunderbare Grundlage für eine Positionierung und kannst diesen Markt erobern.

Internettauglichkeit

Ich kenne fast nichts, was online nicht darstellbar ist. Insofern geht dieser Punkt wahrscheinlich sowieso schon an dich.

Die Corona-Pandemie hat zweifellos den digitalen Markt beflügelt. Mehr denn je saßen die Menschen vor ihrem Rechner, um Netflix zu gucken, sich mit Freunden virtuell zu treffen, zu lernen, sich weiterzubilden, mehr über ihre Interessensgebiete zu erfahren oder um zu arbeiten. Auf der anderen Seite gab es Producer, die Onlinekurse, Zoom-Calls, Masterminds und viele Arten von digitalen Veranstaltungen live oder aus der Konserve durchgeführt haben. Restaurants konnten wegen des Lockdowns keine Gäste bewirten, aber man konnte online einen Kochkurs machen und eine Box dazu kaufen. Yogastudios verlegten die Yogastunde in den virtuellen Raum. Übrigens: Gerade die Dinge, von denen wir glauben, dass sie online nicht funktionieren, gehen mit ein bisschen Kreativität meist doch.

Ich bin ja schon ein wenig älter, daher kann ich mich noch ganz gut an die Zeit erinnern, als das Internet aufkam. Natürlich stellte man sich damals, als die ersten Internetgeschäfte getätigt wurden und Amazon nur Bücher verkaufte, die Frage: Welche Produkte kann man eigentlich im Internet verkaufen? Die Antworten sind retrospektiv betrachtet lächerlich. Es war zum Beispiel völlig klar, dass man nie im Leben Schuhe über das Internet würde kaufen können. Wie sollte das denn bitte gehen? Schuhe müssen schließlich anprobiert werden. Das ist über das Internet nicht machbar. Wenn ich mir heute die Online-Schuhumsätze anschaue, dann ist wohl erwiesen, dass mehr Schuhe über das Internet als über den stationären Handel verkauft werden. Ich möchte da gar nicht über meine Frau sprechen oder meine Wenigkeit, die mit Schuhgröße 51 endlich überhaupt Schuhe kaufen kann. Gleiches gilt für Jacken, Hosen, Oberteile, Kleider und Co., für Arzneimittel, Lebensmittel und Getränke und sowieso fast alles.

Beispiele gibt es so viele wie Sand am Meer. So bemerkte ich eines Tages, dass unser Gartenteich dringend professionelle Pflege oder gar eine totale Sanierung benötigte. Tja, was macht man im digitalen Zeitalter, wenn man vor solchen Problemen steht? Genau: Onkel Google oder eine andere Suchmaschine des Vertrauens fragen. Dort fand ich meinen Gartenteichretter (falls es dich interessiert, erspare ich dir die Recherche: https://gartenteich-retter). Zack! Buch gekauft, Beratung gebucht. Wie du siehst: Auch das Retten und Erhalten eines Teichs hat eine Botschaft.

Eine beliebte Formel für Botschaften im Online-Business ist »Wie Sie X (Ziel) in Y (Zeit) erreichen ohne Z (Aufwand)«, zum Beispiel:

- »Wie Sie 10 Kilo in 2 Monaten abnehmen ohne Sport.«
- »Wie Sie 1000 Euro monatlich nebenbei verdienen ohne großen Zeitaufwand.«
- »Wie Sie Ihren Gartenteich sofort retten ohne Sanierung.«

Hast du ein Thema, das sich online darstellen lässt – und wie gesagt, ich glaube, dass es fast kein Thema gibt, das man online nicht darstellen kann? Wenn du diese Frage mit Ja beantworten kannst, hast du eine wunderbare Positionierung und kannst diesen Markt erobern. Falls du mit deinem Herzensthema keinen direkten Zugang zum Internethandel oder zu einer Onlinebühne findest, überlege dir, ob es nicht doch Möglichkeiten gibt. Werde kreativ!

Fazit

Nun hast du alle vier Fragen durchgearbeitet. Wie oft konntest du aus tiefstem Herzen mit Ja antworten? Die gute Nachricht ist: Wenn du bei einer einzigen Frage einen Haken machen konntest, ist deine Positionierung abgeschlossen und du hast einen Markt gefunden, der dich in der Regel ernähren kann. Kein Witz! Ein einziges Ja genügt und bringt dich der Pole Position näher. Aber keine Frage: Je mehr dieser vier Bereiche du mit einem Ja versehen kannst, umso größer ist die Bandbreite deiner Buchungsmöglichkeiten.

Man kann so ziemlich jedes vermeintlich alltägliche, langweilige und unattraktive Thema interessant und begehrenswert machen.

Es kann sein, dass du dir mit deinem Thema bei allen vier Bereichen ein fettes Ja geben kannst. Nehmen wir noch mal das Gedächtnistrainer-Beispiel: Dein Thema interessiert sicherlich so manches Unternehmen und man zahlt dir gerne einige 1000 Euro (schon bald vermutlich auch viel mehr) für deine Vorträge. Es ist aber genauso ein Thema für die breite Öffentlichkeit und du könntest mit deinem Auftritt Säle oder gar Arenen füllen.

Gedächtnistraining ist selbstverständlich ein Thema, das kurios und streitbar ist und damit für das Fernsehen oder für Bücher super geeignet. Ich selbst habe schon zwei Gedächtnistrainer betreut, die es bis zu *Wetten, dass..?* geschafft haben. Und Gedächtnistraining ist problemlos auch online durchführbar über Seminare und Workshops – Digitalisierung sei Dank! Das funktioniert genauso bei breiten Themen wie Gesundheit, Stressreduktion, Leistungssteigerung et cetera.

Falls du der Meinung bist, dass manche Dinge einfach nicht kurios, nicht spektakulär, nicht anders genug sind, um für eine Positionierung zu taugen, mit der du Geld verdienen kannst: Ich versichere dir, man kann so ziemlich jedes vermeintlich alltägliche, langweilige und unattraktive Thema interessant und begehrenswert machen. Dazu kommen wir noch, wenn wir über Botschaften und »heiße Herdplatten« sprechen (mehr dazu in Kapitel 5).

4

Leben in der Message Economy

Die passende Story

Früher waren Produkte und Produktqualität wichtiger, heute ist die Story dominanter.

Wir leben in einer »Message Economy«, also in einer Gesellschaft, in der die Geschichte – neudeutsch: die Story – zählt. Der Begriff »Storytelling« ist bereits seit Längerem in aller Munde. Dabei beschreibt er in meinen Augen lediglich die Art und Weise, wie Geschichten erzählt werden. Wikipedia definiert Storytelling als »eine Erzählmethode, mit der explizites, aber vor allem implizites Wissen in Form von Leitmotiven, Symbolen, Metaphern oder anderen Mitteln der Rhetorik weitergegeben wird. […] Der Begriff Storytelling ist eng mit dem Narrativ verbunden. Storytelling wird unter anderem in der Bildung, im Wissensmanagement, in der Unternehmenskommunikation, als Methode zur Problemlösung und als Marketingmethode eingesetzt. In der Wissenschaft dient es zur Vermittlung von Expertenwissen an ein Laienpublikum, wird aber gelegentlich wegen seines angeblich manipulativen Charakters abgelehnt«.[26] Der Begriff »Message Economy« geht einige Stufen weiter. Er bedeutet – unabhängig davon, ob nun jemand Storytelling betreibt oder nicht –, dass wir in einer Gesellschaft leben, die durch Botschaften lebt, durch Narrative. Früher waren Produkte und Produktqualität wichtiger, heute ist die Story dominanter.

Wahrheit und Wirklichkeit

Ich halte regelmäßig an diversen Hochschulen Lesungen und Vorträge in den Bereichen Marketing, Entrepreneurship & Co. Besonders interessant finde ich meine Aufenthalte an der Friedrich-Schiller-Universität in Jena. Immer wieder bin ich überrascht, ja geradezu verblüfft, wenn ich erfahre, mit welchen Fragen sich ein Ethik-Lehrstuhl beschäftigt. Unter anderem ging es mal um die Frage, ob Pflanzen oder Steine Gefühle haben. Mich faszinieren solche Fragestellungen und die Diskussionen, die dabei entstehen, ungemein, weil sie mir immer wieder einen ganz neuen Blick geben auf die Realität, auf die Welt, und mir Perspektiven eröffnen, die mein Gedankenspektrum erweitern. Es sind ganz oft Aspekte, über die ich noch nie wirklich nachgedacht habe.

Ich habe über die Jahre gelernt, dass es bei jedem Input, den man im Leben erhält, wichtig ist, Inhalte und Thesen zu durchdenken und sie nicht von vornherein rigoros abzulehnen. Es kann sehr hilfreich sein, den Gedankengängen anderer zu folgen (oder es zumindest zu versuchen), denn jeder von uns sieht die Welt ein bisschen anders aufgrund der Erfahrungen, die er im Leben gesammelt hat, und dem Wissen, das er angehäuft hat. Zum Beispiel dieser Gedanke: Dem Universum ist es egal, ob es die Erde gibt oder ob es sie nicht gibt. In der unfassbaren Größe und Weite des Universums spielt dieser eine winzige

Planet keine Rolle. Ganz zu schweigen von den Lebewesen, die diesen Planeten bevölkern, was sie denken oder was sie tun – selbst wenn sie ihren Heimatplaneten ausbeuten, zerstören und letzten Endes in die Luft sprengen oder ein Meteorit sie trifft. Ganz gleich, welches Horrorszenario eintritt – das Universum wird weiterhin existieren. Ohne die Erde. Ohne Lebewesen. Ohne Menschen. Ohne dich und mich.

Ist es nun unfassbar elend und unglaublich frustrierend, dass alles so sinnlos ist? Oder liegt genau in dieser Sinnlosigkeit der tiefere Sinn? Überleg mal: Wenn es sowieso egal ist, was mit unserer Erde passiert, und schlussendlich auch, was mit uns passiert, dann haben wir doch das größte Geschenk bekommen, das man sich nur vorstellen kann: nämlich die Freiheit, uns einen Sinn – welchen auch immer wir wählen – auszusuchen und genau diesen zu leben.

Auch über die Konzepte »Wahrheit« und »Wirklichkeit« denke ich schon eine ganze Weile nach. Und tatsächlich haben diese Konzepte in meinen Augen sehr viel mit dem Thema Positionierung zu tun. Mir persönlich haben die Erkenntnisse, als ich über diese Fragen intensiv nachgedacht habe, großen inneren Frieden und Freiheit geschenkt. Nun weiß ich, was ich brauche, um den Mut zu finden, meine Botschaften in Worte oder Bilder zu fassen und mit der ganzen Welt zu teilen. Oder zumindest mit meinem Publikum. Ich möchte meine Gedanken gerne mit dir teilen. Vielleicht geht es dir ja ähnlich, vielleicht aber auch nicht.

Wahrheit ist relativ

Ich habe früher bei all meinen Botschaften, egal auf welchem Weg und in welchem Medium ich sie gesendet habe, immer den Anspruch der Vollkommenheit, Wahrhaftigkeit, Allumfänglichkeit unbewusst in mir getragen. Wenn ich schon etwas sagen wollte, dann musste es logischerweise auch hundertprozentig stimmen. Dieser hohe Anspruch hat dazu geführt, dass es mir immer schwerer gefallen ist, meine Botschaft zu senden. Weil ich sie an der einen Stelle eingrenzen, an der anderen Stelle korrigieren und möglicherweise an der dritten Stelle entweder mit vielen Konjunktiven versehen oder im schlimmsten Fall sogar weglassen musste.

Alles, was hier steht, hat nicht den Anspruch, die absolute Wahrheit zu sein.

Heute weiß ich, dass das nicht der Fall sein muss, dass meine Bücher eben nur *meine* Wahrheit beschreiben dürfen oder noch besser: meine Wahrnehmung, meine Interpretation der Wahrheit. Alles, was hier steht, hat nicht den Anspruch, die absolute Wahrheit zu sein. Ich bin weder klug noch weise genug, um diese zu kennen. Das Einzige, was ich in diesem Buch wiedergebe, sind meine Erlebnisse, meine Erfahrungen und meine Schlussfolgerungen, die durch ihre Existenz zu *meiner* Wahrheit wurden. Ob diese Wahrheit nun wahr, wahrhaftig oder falsch ist, kann ich nicht beurteilen. Es steht jedem frei, die Dinge anders zu sehen und zu interpretieren als ich. Das ist völlig in Ordnung. Vermutlich wird auch jeder Leser aus diesem Buch unterschiedliche Dinge mitnehmen – je nachdem in welcher Situation und in welchem Kontext die jeweilige Person sich gerade befindet.

Diese Erkenntnis hat mir für meine Bühnenarbeit viel Kraft und Zuversicht gegeben. Ich reiße das Thema Wahrheit gerne zu Beginn meiner Vorträge an, weil ich meinem Publikum von Anfang an klarmachen will, dass ich nicht Meister der Wahrheit bin. Bei meinen Veranstaltungen sage ich häufig: »Ich weiß nicht, ob das, was ich erzähle, die absolute Wahrheit ist. Aber ich weiß, dass das, was ich erzähle, das ist, wie ich die Welt sehe. Ihr habt mich gebucht, also erzähle ich euch jetzt meine Sicht der Dinge.« Es sind meine Botschaften, die aus meiner subjektiven Wahrnehmung der Welt entstanden sind, und ich teile sie, um die Leute hoffentlich mit meinen Geschichten, meinen Erlebnissen, meinen Erfahrungen zu inspirieren. Diese Freiheit nehme ich mir. Ich stehe hinter meinen Botschaften – ohne Vorbehalte, ohne Wenn und Aber. Ich überlasse es meinem Publikum – dem Auditorium, den Zuschauern oder Lesern –, sich selbst ein Bild zu machen, sich eine Meinung zu bilden und das, was ich so von mir gebe, zu nutzen oder eben auch nicht. Diese Freiheit gestehe ich jedem zu.

Alles subjektiv

Hand aufs Herz: Wir alle haben doch im Grunde nur eine limitierte Sicht auf die Welt und ebenso auf uns selbst. Es kommt auf viele Faktoren an, die unsere Wahrnehmung und damit unser Denken und unser Verhalten prägen, filtern, beeinflussen – Werte, Glaubenssätze, ja, auch das eine oder andere Vorurteil, das wir gerne abschütteln würden, sowie soziale und kulturelle Prägungen.

Es kommt auf viele Faktoren an, die unsere Wahrnehmung und damit unser Denken und unser Verhalten prägen, filtern, beeinflussen.

Nehmen wir mal das Thema Schönheit. Ich spreche von Frauen, da sie in meinen Augen ohnehin die schöneren Wesen sind. Da gibt es einige allgemeine Attribute, die wir in unserem Kulturkreis und in der heutigen Zeit als schön ansehen. Einiges ist langlebig, anderes nur ein kurzer Trend. Piercings und Tattoos sind mittlerweile schon fast »in« – vor 30 Jahren sah das noch ganz anders aus. Frauen hierzulande lackieren ihre

Finger- und Fußnägel, betonen ihre Lippen mit Lippenstift und legen Make-up auf. Schönheitsideale in anderen Regionen der Welt muten für uns Europäer hingegen eher exotisch bis grausam an. Einige Padaung-Frauen im Süden Myanmars pflegen beispielsweise eine besondere Stammestradition: Von Kindesbeinen an werden den Mädchen Ringe um den Hals gelegt; jedes Jahr kommt ein neuer dazu, um ihren Hals optisch zu verlängern. Äthiopierinnen verschönern sich, indem sie in ihre Unterlippe, die eingeschnitten und allmählich geweitet wird, Tonteller einsetzen. Je größer, desto schöner. Und wenn dafür ein paar Zähne weichen müssen, ist das eben so. Auch hierzulande kennen wir den Spruch: »Wer schön sein will, muss leiden.«

Was ich damit sagen will: Die Geschichten, die sich die Menschen hierzulande über Schönheit erzählen, sind schlichtweg andere als in anderen Regionen der Welt. Und selbst wenn wir in Europa bleiben, brauchen wir nur ein bisschen in die Vergangenheit zu schauen und werden erkennen, dass die Vorstellung, was als schön gilt, einem permanenten Wandel unterworfen war, egal ob es um die Silhouette, die Frisur oder den Teint ging.

Bilder der Realität

Damit wird auch klar, dass kein Mensch in die Berge oder ans Meer fährt – sondern er fährt zu dem *Bild*, das er davon hat. So hat jeder Mensch ein anderes Bild, eine andere Vorstellung von den Bergen und vom Meer. Und damit sind wir längst bei der subjektiven Wahrnehmung. Und so kommt auch niemand zu dir, sondern zu dem Bild, das diese Person von dir hat. Dieses Fremdbild kann von dem abweichen, wie du dich selbst siehst, also deinem Selbstbild. Weil Menschen Muster und bekannte Bilder gerne sehen, weil sie diese wiederkennen und gut einsortieren können, stellt sich die Frage: Wie sehr darfst du das Bild verändern, das du von dir und deinem Business nach außen trägst? Und in welcher Dosis, in welcher Geschwindigkeit? Sodass du die Leute mitnehmen kannst auf die Reise, die du erlebst, während sich dieses Bild verändert.

Indem wir ein Narrativ gestalten, schreiben wir eine bestimmte subjektive Geschichte: unsere Geschichte mit unserer Botschaft für unser Publikum oder unsere Kunden. Diese Geschichte kann Thesen beinhalten, diese Geschichte kann Szenarien beinhalten und muss keiner vermeintlichen objektiven Wahrheit entsprechen. Wenn sie einer Wahrheit entspricht, dann nur unserer eigenen, subjektiven, denn wir alle haben nur eine eingeschränkte Perspektive auf die Welt und damit auch auf uns selbst. Unsere Wahrnehmung ist limitiert und eingefärbt. Wir erleben die Welt durch unsere persönlichen Filter.

Indem wir ein Narrativ gestalten, schreiben wir eine bestimmte subjektive Geschichte: unsere Geschichte mit unserer Botschaft für unser Publikum oder unsere Kunden.

Eine Welt aus Geschichten

»Als Narrativ wird seit den 1990er Jahren eine sinnstiftende Erzählung bezeichnet, die Einfluss hat auf die Art, wie die Umwelt wahrgenommen wird. Es transportiert Werte und Emotionen, ist in der Regel auf einen Nationalstaat oder ein bestimmtes Kulturareal bezogen und unterliegt dem zeitlichen Wandel. [...] Bestimmendes Element hinter einem Narrativ ist weniger der Wahrheitsgehalt, sondern ein gemeinsam geteiltes Bild mit starker Strahlkraft.«[27] Ich finde es schon faszinierend, wenn die Aussagen, die auf Nationalstaaten referenzieren, tatsächlich nicht nach dem Wahrheitsgehalt, sondern nach dem geteilten Bild der starken Strahlkraft bewertet werden. Mit solchen Erzählungen erschaffen wir dann das, was wir Kultur nennen. Egal was es ist, es lebt zum Großteil von der Message, die nach außen getragen wird.

Träume vom Erfolg

So ist zum Beispiel das Narrativ »Vom Tellerwäscher zum Millionär« ein besonderes Bild, das in der Literatur und in der Popkultur den amerikanischen Traum repräsentiert. Diese Erzählung gibt den Armen Hoffnung, eines Tages reich zu werden. So erhebt sich zum Beispiel New York über das Nationalbewusstsein der Vereinigten Staaten, wenn man dem Liedtext von »New York, New York« Glauben schenkt: Wenn du es hier schaffst, schaffst du es überall. Und das ist das, was unter anderem die USA ausmacht – dieser Traum des Selfmade-Manns, das Kernstück des American Dream.

Einfach anders

Apples größter Durchbruch kam mit dem Slogan der Werbekampagne von Peter Economides mit dem Titel »Think different«. Der wesentlich größere Wettbewerber IBM bewarb seine Personal Computer zu jener Zeit mit dem Slogan »Think«, der ursprünglich vom Vorstandsvorsitzenden Thomas Watson um 1910 während seiner Tätigkeit bei NCR geprägt worden war (und dessen Nachname übrigens heute der Name des Supercomputers von IBM ist). Es ging um die Gegenkultur, die Apple insbesondere in der Gründungszeit hatte. Und so war auch der Text der Story ein ganz besonderer:

> »Ein Hoch auf die Verrückten, die Außenseiter, die Rebellen, die Unruhestifter, die runden Dübel in den eckigen Löchern. Diejenigen, die die Dinge anderes sehen, sie mögen keine Regeln und sie haben keinen Respekt vor dem Status Quo. Man kann sie zitieren, ihnen widersprechen, sie glorifizieren oder verachten, so ziemlich das Einzige, was man nicht tun kann, ist sie zu ignorieren. Denn sie verändern Dinge, sie treiben die menschliche Rasse voran. Und wenn einige sie als Verrückte verachten, sehen wir das Geniale in ihnen. Denn die Menschen, die verrückt genug sind zu glauben, sie könnten die Welt verändern, sind diejenigen, die es tun.«[28]

Jeder Shop, jedes Büro, jede Marke hat eine Botschaft. Die Botschaft ist das Kernstück jedes Produkts und jeder Dienstleistung.

Rauchfreier Planet

In den Weltkriegen herrschte das Narrativ vor, dass man ohne Rauchen kaum den Krieg überstehen könne. In vielen Filmen und Dokumentationen aus dieser Zeit sieht man irgendjemanden, der sich eine Zigarette ansteckt. Dieses Narrativ hat sich über die Jahre grundlegend gewandelt – heute lautet die Botschaft, dass man mit Rauchen kaum das Leben überstehen kann.

Im August 2021 kam dann eine Meldung, die jeden eingefleischten Cowboy der alten Schule sicher aus dem Sattel geworfen hätte: Philip Morris will in Großbritannien aus dem Zigarettengeschäft aussteigen, und zwar innerhalb der nächsten zehn Jahre.[29] Das neue Ziel (also: Narrativ), so Konzernchef Jacek Olczak: die Welt rauchfrei zu machen.[30] Was für eine Wendung!

Zuckersüße Zahlen

Wenn wir heute im Supermarkt wie selbstverständlich nach einem Päckchen Zucker greifen, dann liegt das daran, dass die Zuckerindustrie erfolgreich dafür gesorgt hat, dass Zucker immer mehr gekauft wird. Nicht weil Zucker so gesund wäre – das wissen wir ja eigentlich alle, können aber der süßen Versuchung oft genug nicht widerstehen –, sondern weil Zucker so erfolgreich promotet wurde und in vielen Lebensmitteln versteckt enthalten ist. Das Narrativ »Zucker ist besser als sein Ruf« hält sich demnach hartnäckig.

Der weltweite Verbrauch von Zucker lag für das Jahr 2020/2021 laut Statista bei 182,1 Millionen Tonnen, und allein deutsche Verbraucher konsumierten in diesem Zeitraum pro Kopf rund 32,5 Kilogramm, was einer Tagesration von üppigen 89 Gramm entspricht.[31] Die empfohlene Zuckermenge pro Tag liegt jedoch laut Weltgesundheitsorganisation bei höchstens 25 Gramm am Tag.[32]

Verrückter Käse

Wenn früher ein Käseverkäufer zu mir gekommen wäre und mich gefragt hätte, ob es möglich sei, als Käseverkäufer sichtbar zu werden und eine »Käsebotschaft« zu senden, dann gestehe ich, dass ich sehr wahrscheinlich Nein gesagt hätte. Heute würde ich das nicht mehr tun, denn ich wurde eines Besseren belehrt. Spätestens seit es die Crazy Cheese Manufacture gibt, den wohl exklusivsten Käse-Store der Welt, wie es auf der Website heißt.[33] Allein dass Roland Ludomirska, der Inhaber, volltätowiert und in ausgefallenen Klamotten für Fotos im Webshop posiert, ist der Beweis, dass es außergewöhnliche Möglichkeiten gibt, Käse zu vermarkten.

Zugegeben, die Online-Rezensionen sind mitunter eher mittelprächtig, aber die Story, die vom Inhaber präsentiert wird, funktioniert offenbar. Er wird seine Zielgruppe finden und Erfolge verbuchen – oder eben auch nicht. Mir geht es rein um die Positionierung. In einem Interview erzählte der Firmengründer: »Mein Vorbild ist Walt Disney, ich möchte unsterblich sein. Auch wenn er schon lange verstorben ist, prägt seine Marke noch immer viele Menschen und Generationen. Wenn ich das erreiche, dann habe ich es gut gemacht.«[34]

Mit »Käse-Content« der besonderen Art wartet Ludomirska nicht auf. Die simple Botschaft, auf der der gesamte Erfolg beruht, besteht aus zwei Worten: »Absolut delicious«. Und solltest du einmal in Versuchung kommen, diese beiden Worte zu googeln, so sei gewappnet: Die erste Seite bei Google wird dir nichts über die Wortbedeutung ausspielen, sondern lediglich etwas über Crazy Cheese.

So war Crazy Cheese erfolgreich genug, um in kürzester Zeit sechs Läden aufzumachen, mit dem ehrgeizigen Ziel, weitere 200 zu eröffnen. Und so gilt das Unternehmen aus Österreich nach eigenen Angaben als das am schnellsten wachsende Käsegeschäft der Welt, übrigens mit Expansionsplänen in die USA.[35]

Botschafter für Produkte

Multi-Level-Marketing (MLM), auch Netzwerk-Marketing, Network-Marketing, Empfehlungsmarketing oder Strukturvertrieb genannt, ist laut Wikipedia eine Spezialform des Direktvertriebs. Im Unterschied zum klassischen Direktvertrieb werden Kunden angehalten, als selbstständige Vertriebspartner weitere Kunden anzuwerben.[36] Bei den meisten Menschen schrillen bei diesen Begriffen alle Alarmglocken und die erste Assoziation ist »Schneeballsystem«. Das ist völliger Quatsch.

Ich gehe sogar noch einen Schritt weiter und sage: Es mag nicht nur eine mögliche Vertriebsform der Zukunft sein – es wird mit Sicherheit auch eine sinnvolle und vor allem sichere Einkommensform der Zukunft sein. Wenn wir auch hier wieder die Unterstellung ansetzen, dass jedes Produkt eine Botschaft benötigt, dann braucht es nämlich logischerweise auch jemanden, der diese Botschaft nach außen trägt.

Multi-Level-Marketing ist dafür in meinen Augen eine perfekte Symbiose. Zum einen sind es in der Regel hervorragende Produkte, aber egal wie gut Produkte sind, sie liegen in der Regel regungslos in Lagerregal. Erst Marketing oder in diesem Fall der Mensch machen diese Produkte sichtbar. Die Produkte würden sich ohne den Menschen oder alternative Marketingformen nicht verkaufen lassen und die Menschen wiederum hätten keine Produkte, die sie verkaufen könnten. Zudem lassen sich unterschiedliche Botschaften des Partners mit den Botschaften des Produkts verbinden. So ergibt es natürlich Sinn, dass eine Person, die als Fitnesstrainer oder Berater arbeitet, auch die dazugehörigen Produkte anbietet oder gesundheitsbewusste Menschen Ähnliches tun. Was ich damit sagen will: Ich finde es großartig, dass solche Vertriebspartner beide Botschaften kombinieren können – die Botschaft des Multi-Level-Marketing-Anbieters, also des Produktanbieters, und gleichzeitig ihre eigene Botschaft, die sie damit verknüpfen können.

Ein besonderes Beispiel ist neben vielen anderen besonderen Unternehmen, die ich in diesem Bereich betreuen darf, die Firma Ringana. Sie hat im Jahr 2020 einen Rekordumsatz von 160 Millionen erzielt und damit den Umsatz von 2018 verdoppelt. Viele Ringana-Partner sind Teilnehmer in meinem GOLD-Programm, in dem ich Menschen zur Marke mache, weil sie genau die Wechselwirkungsmechanismen verstanden haben und mit ihrer eigenen Markenbildung sowohl die Produkte von Ringana als auch ihre eigenen Dienstleistungen öfter und schneller verkaufen können, weil diese nicht mehr verkauft werden, sondern von den Kunden als Leuchtturm wahrgenommen werden und gekauft werden.

Ich bin ein Fan von Multi-Level-Marketing, das oftmals mit Vorurteilen belastet ist, weil es Menschen die Chance gibt, aktiv zu werden, ohne sich um allzu viel kümmern zu müssen. Produkte, Produktprozesse und Umfeld bestehen bereits, und so ist der Start leicht und relativ risikolos. Wenn ich eine Sache an Multi-Level-Marketing kritisiere, dann ist es die Tatsache, dass die Menschen, die darin agieren, dies meist in äußerst kleinen Rahmen tun und im schlimmsten Fall über ihr verwandtschaftliches Umfeld hinaus nie erfolgreich werden. Dies wollten Dominik Fürtbauer und Jim Menter – beide Teilnehmer meiner Programme – anders machen. Sie haben sich sofort groß positioniert, oftmals über 2 000 Personen in einer Halle versammelt und von den Chancen erzählt. So konnten sie in wenigen Jahren einen Status und Erfolg einfahren, den andere in ihrem gesamten Leben kaum schaffen.

Wir alle sind Botschafter

All diese Geschichten zeigen, wie sehr wir durch Narrative geprägt wurden und weiterhin geprägt werden, nicht zuletzt passiert das auch durch Algorithmen, die uns genau den Content ausspielen, für den wir uns interessieren. Wie schon gesagt: Wir leben in einer Message Economy. Und dabei geht es nicht unbedingt um so große Narrative wie eine Mondlandung. Die Botschaft kann durchaus kleiner sein, aber dennoch wirkungsvoll, und dich der Pole Position näherbringen.

Alles, was wir erleben, ergibt eine Geschichte – unsere persönliche Geschichte. Davon können wir anderen erzählen, in der Hoffnung, dass es ihnen weiterhilft, sie inspiriert, tröstet, heilt, motiviert … Produkte an sich sind Dinge, die »tot« in den Regalen von Unternehmen liegen. Und Unternehmen selbst sind auch nur »tote« Gebäude aus Beton, Stahl, Holz und Glas, die erst durch die Menschen, die darin arbeiten, zum Leben erweckt werden. Darum nenne ich Unternehmen auch gerne »Glaubensgemeinschaften«. Es ist eine Glaubensgemeinschaft von Menschen, die an das Produkt, die Dienstleistung, an das Narrativ des Unternehmens glauben und damit Botschafter des Unternehmens, seiner Dienstleistungen oder seiner Produkte werden.

Jeder Mensch hat eine Botschaft. Jeder hat ein inneres Anliegen, das nach außen getragen werden soll, von der inneren Bühne zur äußeren.

Daher lautet meine Frage an dich nun: Was ist deine Geschichte, die du auf den Bühnen dieser Welt erzählen willst?

Der Ambassador, wie man ihn auch nennen könnte, vertritt als Botschafter die Interessen seines Unternehmens, genauso wie der Botschafter eines Landes die Interessen gegenüber dem Gastland vertritt. Und das Gleiche gilt für jeden von uns, das uneingeschränkte Recht, ja, sogar die Pflicht, die eigenen Interessen zu vertreten. Denn jeder Mensch hat eine Botschaft. Jeder hat ein inneres Anliegen, das nach außen getragen werden soll, von der inneren Bühne zur äußeren.

Hier zwei Beispiele von Teilnehmern meines GOLD-Programms, die auf ihre Art Botschaften in die Welt tragen:

- Mareike Fuisz war es wichtig, nicht nur ihrer Tochter zu helfen, die das Down-Syndrom hat, sondern alle Betroffenen sowie deren Umfeld zu unterstützen. Und eine Welt zu hinterlassen, die tatsächlich eine bessere ist. So hat sie nicht nur den leicht.er.leben Down-Syndrom-Kongress (www.downsyndromkongress.de) ins Leben gerufen, sondern gilt mittlerweile als Expertin für Diversität und tritt europaweit mit faszinierenden und klugen Speeches auf.

- Lisa Reinheimer ist eigentlich eine ganz normale Lehrerin. Aber so ganz normal ist sie dann doch nicht. Sie hat das, was sie tut, in den Claim »Dein Kind wird Klassenheld« verwandelt – und ist mittlerweile viel mehr als eine Lehrerin. Sie ist durch ihre Botschaft deutschlandweit bekannt geworden. In vielen Medien, auf Onlinekongressen, in Magazinen, Zeitungen, im Radio und im Fernsehen ist sie sichtbar. Dazu kam das Home-Schooling, das ihr einen weiteren Boost gegeben hat. Sie war bei RTL, *Brigitte*, *Freundin*, Swissfamily, MDR, WDR, und auf einer Titelseite der *Welt*. Ich bin immer so dankbar, wenn das, was wir unseren Goldies raten, auch funktioniert. Sie schrieb mir: »Alles, was in der GOLD-Programm-Toolbox war, funktioniert. Und ich bin dir so dankbar, weil mein Leben seit dem GOLD-Programm einfach ein Traum ist. Und ich mich sehr auf alles freue, was noch kommt!«

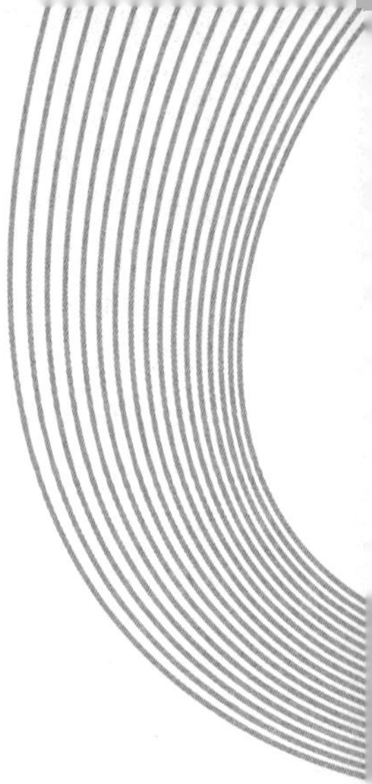

5

Von der inneren Bühne zur äußeren

Die passende Bühne

Kannst du dir vorstellen, wie du auf den Bühnen dieser Welt stehst? Und wenn ich von »Bühnen« spreche, dann meine ich nicht nur das, was wir landläufig als typische Bühne verstehen, etwa bei einer Theateraufführung oder eben bei einem Vortrag. Unsere Botschaften brauchen ebenfalls eine Bühne, die kann aber auch ganz klein sein: in einem Gespräch, in einer Diskussion, bei der Beratung oder beim Coaching, beim Kaminabend, in der Schule, im Institut oder in einer Erfahrungsaustauschgruppe. Jeder Artikel, jeder Bericht, jedes Buch, jedes gesprochene, gedruckte oder digital aufgezeichnete Wort ist eine Bühne. Das Internet, YouTube, Social Media – all das ist eine Bühne.

Jeder Artikel, jeder Bericht, jedes Buch, jedes gesprochene, gedruckte oder digital aufgezeichnete Wort ist eine Bühne.

Stell dir vor, du hättest es schon geschafft, deine Lieblingsbühnen zu erobern. Wo siehst du dich? Wenn du eine Onlinebühne wählst, scrollst du durch deinen YouTube-Channel und schaust dir deine Videos an, beim Surfen poppen deine Facebook-Anzeigen auf. Oder wenn Bücher deine Bühne sind, siehst du dich, wie du nach einer Lesereise landest, an der Buchhandlung im Flughafen vorbeigehst und dort dein Buch siehst – vielleicht sogar mit deinem Foto auf dem Cover. Oder siehst du dich eher im Fernsehen, zum Beispiel in Talkshows oder Ratgebersendungen? Oder performst du auf irgendeiner großen Bühne im Auftrag einer Firma, einer Organisation oder eines Kongresses? Oder vielleicht sogar in einer großen Arena, in der mehrere Zehntausend Zuhörer deinen Worten lauschen können? Vielleicht siehst du sogar das Bild, dass Menschen nebeneinandersitzen, sich gegenseitig anstupsen und sagen: »Hey, die Person auf der Bühne ist aber cool, die müssen wir auch einmal buchen.« Welche Bilder motivieren dich?

Inszenierung im richtigen Rahmen

Wenn wir das Thema Positionierung anschauen, kommt zwangsläufig irgendwann der Begriff »Inszenierung« dazu. Offen gestanden bin ich gar nicht mehr so sicher, ob man die beiden Aspekte wirklich trennen kann. Die Szene steht zum Beispiel für den Abschnitt eines Films, für den Teil eines Theaterstücks, und zeigt deutlich, dass wir Dinge inszenieren dürfen, denn Geschichten sind wie Theaterstücke: Sie sind sichtbar gemachte Erlebnisse. Genau diese Inszenierung ist ein Punkt, der so entscheidend ist, wenn es darum geht, deine Positionierung sichtbar zu machen. Sonst verschenkst du den Vorteil, aus der Pole Position zu starten. Du musst die PS auch wirklich auf die Straße bringen.

Wir leben in einer Gesellschaft, die nicht nur auf die Qualität Wert legt, sondern ebenso auf die Darreichungsform. Anders ausgedrückt: Der Rahmen ist genauso wichtig wie der Inhalt, manche behaupten sogar, er sei ein bisschen wichtiger. Wir leben in einer rahmenbetonten Gesellschaft, negativ formuliert leben wir in einer inhaltsleeren Gesellschaft. Und jeder von uns kauft den Rahmen mit. Wenn jemand behauptet, er achte nicht auf so etwas, er sei kein rahmenbetonter Mensch, nehme ich ihm das nicht ab. Warum tragen wir denn die Kleidung, die wir gerade tragen? Mit einem etwas dickeren, unförmigen Kartoffelsack wären wir doch auch geschützt und warm genug gekleidet. Ganz einfach: Wir legen alle Wert auf den Rahmen. Das lässt sich auf alle Konsumgüter übertragen – wir brauchen eigentlich kaum etwas davon, kaufen es uns aber trotzdem, weil wir eine gewisse Vorstellung vom Leben haben, einen Standard, den wir erhalten wollen, und einen Status, den wir verkörpern wollen. Die einen mehr, die anderen weniger. Nur die wenigsten entsagen diesen materiellen Rahmen, die wir erschaffen haben, komplett und dauerhaft.

Die Inszenierung ist entscheidend, wenn es darum geht, deine Positionierung sichtbar zu machen.

Apropos Kleidung. Von meinen Seminarteilnehmern erwarte ich, dass sie gut gekleidet und gepflegt auftauchen. Zumindest so, dass es gut zur Außenwirkung passt, denn im GOLD-Programm machen wir mit den Teilnehmern auch ausdrucksstarke Fotoshootings – da ist es sinnvoll, sich im feinen Zwirn zu zeigen und mehr als vorzeigbar auszusehen. Gerade in der Außenwirkung sollte eine kongruente, sinnvolle Marke sichtbar werden. Eben das, was wir Public Persona nennen. Meist kommt dann meine Frau ins Spiel, die mich ermahnt, dass ich ein Vorbild sein muss. Wenn ich gute Kleidung von den Teilnehmern erwarte, solle ich selbst nicht wie Oscars Lumpi herumlaufen. (Ihre Worte, nicht meine.) Deshalb shoppt meine Frau vor jedem GOLD-Programm für mich. Das sind Klamotten, die ich – eher ein »Irgendeine-Hose-und-irgendein-Hemd«-Typ – niemals kaufen, geschweige denn freiwillig anziehen würde. Wenn ich dann vor meiner Frau die gezwungene Anprobe mache, sage ich immer: »Wunderbar, das legen wir zur engeren Wahl.« Damit meine ich in Wirklichkeit, dass ich all diese Teile danach heimlich wieder zurückschicke. Natürlich hat sie diesen plumpen Trick schnell durchschaut. Seither reißt sie »aus Versehen« das Etikett ab und sagt dann mit Unschuldsmiene: »Ach, wie schade. Jetzt können wir das ja gar nicht mehr zurückgeben … Trag es doch wenigstens ein Mal.« So tauche ich dann ebenfalls immer gut gekleidet auf – passend zum Rahmen der Veranstaltung.

Der Rahmen macht also den Unterschied. Ich habe dazu noch ein paar Beispiele in petto, die ich kurz anreißen möchte:

- Joshua Bell, einer der größten Violinisten Nordamerikas, spielte einmal für etwas mehr als 40 Minuten klassische Stücke in der U-Bahn in Washington, D.C., auf seiner wertvollen Stradivari. Aber nicht als berühmter Geiger, sondern inkognito als abgewrackter Straßenmusiker. Am Ende hatte er etwas mehr als 50 Dollar im Geigenkasten. Kein Vergleich zu dem, was er in einem anderen Rahmen, nämlich in den besten Konzerthäusern der Welt, verdient. Ganz zu schweigen vom frenetischen Applaus und der Anerkennung für seine Darbietung.[37] Der Rahmen kann die Wahrnehmung drastisch verändern.

- Sascha Lobo – vielleicht kennst du diesen Mann, der im Jahr 2000 eine Werbeagentur gründete, die sich auf die New Economy spezialisierte und 2001 schon Insolvenz anmelden musste. In der Folgezeit war er angestellter Kreativdirektor in einer Berliner Werbeagentur, arbeitete später als Werbetexter, bis er irgendwann seine Sichtbarkeit, seinen

Bekanntheitsgrad und seine Prominenz enorm steigerte. Er wurde zu einem gefragten Redner und Experten, unter anderem für den Bereich Digitalisierung. Aber vielleicht wäre es nie so weit gekommen, wenn er sich nicht 2006 einen roten Irokesenschnitt zugelegt hätte und diesen seitdem souverän zu Anzug und Hemd trägt.[38]

- Das Oktoberfest ist eine Veranstaltung, die ihresgleichen sucht. Das weltweit größte Volksfest generierte mit seinen 6,3 Millionen Besuchern im Jahr 2019 einen Gesamtumsatz von 1,25 Milliarden Euro inklusive Übernachtungen.[39] (2020 und 2021 konnte das Oktoberfest wegen COVID-19 nicht stattfinden. Übrigens wurde das Oktoberfest auch wegen Kriegen und der Cholera schon mehrfach abgesagt.[40]) Die Maß Bier sollte doch eigentlich nicht mehr als 3 Euro kosten, aber für die Gelegenheit, mit 10 000 anderen im gleichen Zelt zu sitzen und Spaß zu haben, legt so mancher Feierwütige eben noch mal 10 Euro obendrauf. Für den feucht-fröhlichen Rahmen dieses Events.

- In der Dubai Mall werden ähnliche Produkte wie überall auf der Welt verkauft. Aber sie ist mit einer Verkaufsfläche von über 350 000 Quadratmetern eben eines der größten Einkaufszentren der Welt. Viele Luxusgeschäfte haben dort nicht nur ihren Flagship-Store, sondern den größten Store weltweit. Sind die Produkte anders? Selten. Werden die Produkte in einem nobleren Rahmen präsentiert? Selbstverständlich – und genau das macht den (Preis-)Unterschied aus.

- Die Universität St. Gallen, eine renommierte Hochschule, hat nicht nur großartige Lehrende und guten Content. Sie hat mit der elitären Art und Weise, wie sie sich darstellt,

Der Rahmen ist fürs Business und die Pole Position von großer Bedeutung.

für sich auch einen wunderbaren Rahmen geschaffen, der funktioniert. Genauso wie die Ivy League in USA, also die Efeu-Unis. Die Ivy League heißt deswegen so, weil ihre altehrwürdigen Häuser mit Efeu bewachsen sind und einen exklusiven Rahmen schaffen. Dazu gehören Princeton, Harvard, Yale, Columbia und natürlich auch die University of California oder das MIT, das Massachusetts Institute of Technology. Wer zu diesem Zirkel gehört, dem stehen viele Türen offen.

- Tim war klar, dass er in irgendeiner Art und Weise seine Welt verändern, den Rahmen um sich herum transformieren musste. Er entwarf einen Masterplan, um der größte »ROCK-STAR« zu werden, am 13. August 1973 auf einem weißen Tischtuch. Sein Zehn-Punkte-Plan besagte unter anderem: Henna in die Haare zum Zweck der Coolness, David Bowie hören für die Inspiration, nie nüchtern auf die Bühne gehen. Die gewünschte Platzierung: natürlich ganz oben, wo sonst! Auch der Bandname war gesetzt: Panik-Orchester. Ebenso wie der Namenswechsel von Tim zu Udo. Genau: Die Rede ist von Udo Lindenberg. Sein Fazit: »Der Plan ging auf! Kein Limit, keine Grenzen.«[41]

Der Rahmen ist fürs Business und die Pole Position von großer Bedeutung; ich habe Jahre gebraucht, um das in der Tiefe zu verstehen. Kümmere dich darum, dass du deine Möglichkeiten zur Inszenierung ausschöpfst. Dazu zählen unter anderem:

- professionell designte Website,
- aussagekräftiges Logo,
- haptisch ansprechende Verpackung für Produkte,

- edles Briefpapier und Briefumschläge,
- die Art, wie du auftrittst,
- die Art, wie du dich präsentierst,
- die Art, wie du kommunizierst (Über welche Kanäle kommunizierst du? Wie schnell reagierst du auf Anfragen oder Beschwerden? Wie formulierst du Briefe?).

Das Problem der Darstellung

»Wie kann ich mich so präsentieren, dass ich gesehen werde? Was muss ich tun, um mit meiner Marke schneller wahrgenommen zu werden?« Solche und ähnliche Fragen stellen mir die Leute oft, wenn es um das Thema Positionierung geht. Über die Jahre hat sich für mich eindeutig herauskristallisiert: Die meisten Menschen haben kein Positionierungsproblem, sie haben ein Sichtbarkeitsproblem.

Die meisten Menschen haben kein Positionierungsproblem, sie haben ein Sichtbarkeitsproblem.

Die schnelle Formel, was es braucht, damit du zur Marke wirst, besteht aus drei Dingen:

1. Du brauchst eine eigene Website – und zwar eine vorzeigbare, ordentlich designte. Es gibt so viele Schrott-Websites selbst in der heutigen Zeit, es ist schier unfassbar. Ich frage mich dann manchmal, warum sich die Leute wundern, dass ihr Business nicht boomt. Mir ist das auf den ersten Blick klar, wenn ich sie im World Wide Web suche und leider finde.
2. Du brauchst ein Profil, also eine knackige Beschreibung, wer du bist. Das kannst du auf deiner Website dann natürlich auch verwenden oder sogar als Download anbieten.

3. Du brauchst Thesen, also Botschaften. So viele Menschen mühen sich ab mit einem Titel, einem Claim oder einer Bezeichnung, die am besten alles transportieren soll, was sie sind und darstellen. Dabei ist es so viel leichter und cleverer, für dich und dein Business eine übergeordnete Bezeichnung zu finden (Stichwort: Schublade), und im Anschluss über starke Thesen, Meinungen und Standpunkte Sichtbarkeit zu erlangen.

Sichtbarkeit im passenden Umfeld

Wenn ich sage, du musst sichtbarer werden und dich inszenieren, bedeutet das nicht, dass du von heute auf morgen anfängst, alle nur erdenklichen Kanäle mit Content zu fluten und allen möglichen Medien dein Portfolio zu schicken. Such dir einen oder zwei passende Social-Media-Kanäle aus und poste regelmäßig. Was könnte gut zu dir und deiner Botschaft passen?

- Du bist eher der visuelle Typ, schaust dir gerne Bilder und Videos an und hast kein Problem damit, dich vor der Kamera zu zeigen? Dann sind YouTube, TikTok und Instagram vermutlich das Richtige für dich. Dort kannst du Videos oder Bilder posten und mit deiner Community interagieren.
- Du bist eher der auditive Typ? Dann mach dich mit Podcasts und den damit verbundenen Möglichkeiten vertraut. Du brauchst zu Beginn noch nicht einmal einen eigenen Podcast zu starten. Sei doch Gast in einem anderen Podcast, zu dem deine Botschaft passen könnte. Mittlerweile gibt es auch Plattformen, die Podcast-Betreiber mit potenziellen Gästen verbinden.
- Du fühlst dich mit dem geschriebenen Wort am wohlsten? Starte einen Blog und führe dort beispielsweise ein Reise-

tagebuch oder erzähl dort Geschichten, die auf deine Positionierung einzahlen. Schau, ob du einen Artikel für eine Zeitung oder Zeitschrift verfassen oder an einem Buchprojekt mitwirken kannst. Oder du schreibst dein eigenes Buch über dein Herzensthema.
- Du bietest ein Produkt oder eine Dienstleistung an? Besorge dir eine Website, bei Produkten vielleicht sogar mit einem Shop-System, informiere dich über Affiliate-Marketing, nutze deine Social-Media-Kanäle geschickt als Werbeplattform.

Das ist nur ein kleiner Ausschnitt der unendlichen Möglichkeiten, dich und dein Business sichtbar(er) zu machen. Also, wie willst du die Bühnen dieser Welt erobern?

Ich möchte an dieser Stelle aber gleich mal den Druck rausnehmen:

1. Es gibt kein Richtig oder Falsch. Du hast deine Gründe, bestimmte Botschaften, Kanäle, Marketingmaßnahmen et cetera zu wählen. Und du kannst jederzeit nachjustieren, es ist nichts in Stein gemeißelt.
2. Du musst nicht perfekt sein. Alles, was du (noch) nicht kannst, kannst du lernen – oder dir Know-how und Expertise zukaufen.
3. Die Big Player haben alle mal klein und unbeholfen angefangen, auch wenn sie jetzt wie Überflieger und Champions erscheinen. Lass dich davon nicht einschüchtern!
4. Du darfst Fehler machen. Wichtig ist, dass du daraus lernst und dich weiterentwickelst.
5. Positionierung, Sichtbarkeit, Marktpräsenz passieren nicht über Nacht. Bau deine Marke Schritt für Schritt auf, konsequent und beharrlich. Und ganz wichtig: Hab Spaß dabei!

Die goldene Mitte ist dein Feind

Die meisten Menschen suchen die goldene Mitte und wundern sich ernsthaft, wenn es dort verstopft ist. Aber da fast immer alle das tun, was alle anderen tun, müssen sie sich von dem Vielen, von dem viele etwas bekommen, viel wegnehmen lassen. Kurzum, im Mittelmaß sind die Honorare unten. Denn Mittelmaß ist austauschbar, ist auswechselbar, ist vergleichbar und ist langweilig.

Ich verwende als Synonym für den Begriff Positionierung daher auch gerne »Standpunkt«. Denn es geht im Grunde darum, etwas zu entwickeln, wofür man steht. Und natürlich werden jene Standpunkte eher wahrgenommen, die außerhalb der Norm, eben nicht Mainstream sind. Es darf also ruhig ein wenig extremer sein, jenseits vom Mittelmaß eben. Ich glaube nämlich nicht, dass Menschen immer nur etwas ganz Normales erleben oder sehen wollen. Denn normal ist langweilig. Normal ist Feinripp-Unterwäsche. Normal ist die Toilettenpapierrolle hinten im Auto. Normal ist Eiche rustikal. Normal ist eine Einstellung am Wäschetrockner. Aber wir wollen doch außergewöhnlich oder besonders sein. Wenn wir das sind, dann sind wir großartig.

Ich verwende als Synonym für den Begriff Positionierung auch gerne »Standpunkt«. Denn es geht im Grunde darum, etwas zu entwickeln, wofür man steht.

Ich kreide es unter anderem dem Schulsystem an, dass wir kaum die Außergewöhnlichkeit und Einzigartigkeit fördern, sondern nur Gleichmacherei betreiben. Das führt dazu, dass Kinder und Jugendliche in vielen Disziplinen versuchen, Stärken zu entwickeln, und sich dabei an ihren Schwächen abarbeiten. So bleiben sie überall im Mittelmaß stecken, anstatt in einigen wenigen, wenn nicht sogar in nur einer einzigen Disziplin überragend zu werden.

Das Wesen der Thesen

Eine These ist eine Behauptung, eine Meinung, ein Statement. Ohne Meinung ist ein Mensch in meinen Augen gar nicht existent – zumindest nicht im Markt der Botschafter. Sie sind wie eine Suppentasse ohne Inhalt, ein Buch ohne Buchstaben. Es fehlt einfach etwas Essenzielles. Wer wirklich etwas zu sagen hat, der hat zumindest eine Ahnung (oder gar eine böse Vorahnung) oder eine Befürchtung. Vielleicht hat er erste Anhaltspunkte oder Annahmen, die noch bestätigt werden müssen, aber eben auch widerlegt werden könnten. Er vertritt eine bestimmte (Welt-)Anschauung, eine Denkweise oder Ansicht, er wählt einen klaren Standpunkt und bildet sich eine Meinung, die er kundtut, auch wenn er damit Gegenwind riskiert. Glaube, Gedanken und Grundsätze können stets streitbare Thesen hervorbringen, ebenso wie Ideen und Vorschläge. Aber – und das ist wichtig – eine These ist nicht zwingend die reine Wahrheit und nichts als die Wahrheit. Damit sage ich nicht, dass sie gelogen ist. Es ist eben eine Anschauung oder ein Szenario, von dem man ausgeht. Die Wissenschaft macht es eindrücklich vor: Jemand stellt eine Behauptung auf und unterfüttert sie mit Anhaltspunkten und Beweisen. Solange seine These nicht verbessert, korrigiert, verändert oder widerlegt wird, ist sie oftmals Stand des Wissens.

Lange Zeit war die Menschheit beispielsweise von der These überzeugt, die Erde sei flach. Das war nach damaligem Kenntnisstand erst mal eine plausible Behauptung. Nach heutigem Stand des Wissens ist die Erde rund, auch wenn die Anhänger der Flat Earth Society, eine 1956 gegründete Organisation, die Argumentation und die Beweise der Naturwissenschaftler vermutlich nicht restlos überzeugt. Aber darum geht es auch gar nicht – schon gar nicht, wenn wir das Ganze auf die Positionierung übertragen. Um eine Marke zu werden, musst du sichtbar werden, und das gelingt dir, indem du von dir reden machst: mit starken Thesen, die Aufmerksamkeit erregen.

Erinnern wir uns doch mal – um ein Beispiel aus jüngerer Zeit zu nehmen – an die Berichterstattung rund um Corona (ohne hier in irgendeine Diskussion einsteigen zu wollen). Sensationell, wie emotionsgeladen dieses Thema war und ist! Wir wurden täglich, ach was sage ich, nahezu stündlich mit Thesen bombardiert: Was Corona ist oder sein könnte, was passieren könnte, wie sich das Virus entwickeln könnte, welche Auswirkungen das nach sich ziehen könnte, was jetzt unbedingt getan werden müsste, was man tunlichst unterlassen sollte und so weiter und so fort. Die Wissenschaftler waren sich uneins. Der eine Virologe war sich sicher, nur ein kompletter Lockdown würde helfen. Ein anderer behauptete das genaue Gegenteil. Otto Normalverbraucher gaben über Social Media ihren Senf dazu, so manche Verschwörungstheoretiker waren (und sind) davon überzeugt, dass Corona gar nicht existiert. Eine perfekte Manege für Thesen aller Art. Um Wahrheitsfindung ging es dabei manchmal, aber nicht ausschließlich.

Thesen können sich auch auf die Zukunft richten. Matthias Horx, seines Zeichens Zukunftsforscher, veröffentlichte bereits im April 2020 Thesen in den sozialen Medien, wie die Zeit nach Corona aussehen könnte. Er stellte vier Szenarien vor.[42] Bis heute, im Winter 2022, während ich diese Zeilen schreibe, ist Corona immer noch nicht vorbei und wir können nach wie vor nicht abschließend prüfen, ob Horx mit seinen Aussagen letztlich Recht hat oder nicht.

Niemand hat eine Glaskugel, aus der er die Zukunft lesen kann – selbst ein Zukunftsforscher nicht. Er hat lediglich seine

Meinung in Form von möglichen Szenarien vorgestellt, und das finde ich legitim. Die Folge – und das ist mit der Hauptgrund, warum es sich lohnt, Thesen aufzustellen –: Durch die Veröffentlichung dieser Thesen in den sozialen Medien gewann der Zukunftsforscher enorm an Bekanntheit, erlebte geradezu ein Comeback. Sein im Mai 2020 erschienenes Buch *Die Zukunft nach Corona: Wie eine Krise die Gesellschaft, unser Denken und unser Handeln verändert* erreichte im Nu Bestsellerstatus und sein im August 2021 erschienenes Buch *Die Hoffnung nach der Krise: Wohin die Welt jetzt geht oder Wie Zukunft sich immer neu erfindet* konnte das auch erreichen.

Ohne Meinung ist ein Mensch in meinen Augen gar nicht existent – zumindest nicht im Markt der Botschafter.

Ein Immobilienexperte hat Sichtbarkeit unter anderem durch die Presseveröffentlichung seiner Thesen erreicht. Es waren an sich recht einfache Thesen. (Es hat auch niemand behauptet, dass Thesen besonders intelligent oder komplex sein müssten, auch wenn der leicht hochtrabende Begriff »These« das suggeriert.) Seine erste These lautete: »Büroimmobilien werden in Zukunft in der Miete günstiger.« Warum? Viele sind aufgrund von Corona im Homeoffice, viele Firmen erleben jetzt notgedrungen, dass Homeoffice funktioniert und man gar nicht so viel Büroraum braucht. Stimmt, das könnte wohl so sein und auch passieren. Oder eben auch nicht. Es ist und bleibt eben eine These. Die zweite These war, dass Privatimmobilien in der Miete teurer werden. Warum? Weil so viele Menschen im Lockdown im siebten Stock ohne Balkon oder ohne Garten eine große Sehnsucht nach einem Balkon, einem Garten oder gar nach einem Eigenheim entwickeln. Klingt plausibel. Kann sein – oder auch nicht. Das waren seine beiden Thesen in Kurzform, in der Zeitung wurde seinen Aussagen eine halbe Seite geschenkt. Um es noch mal zu betonen: Dabei ist nicht entscheidend, ob diese Behauptungen stimmen oder nicht. Es sind Schlussfolgerungen, die aus einem individuellen Betrachtungswinkel heraus entstanden sind.

Das wichtigste Gebot lautet: Du sollst nicht langweilen!

Ich habe einen heißen Tipp (oder sind Tipps am Ende auch nur Thesen?) für dich auf Lager, wie du Thesen entwickelst. Das wichtigste Gebot lautet: Du sollst nicht langweilen! Die meisten Leute schreiben, posten und sagen so langweiliges Gedöns. Und Ödes oder Fades will niemand lesen und hören. Eine These ist gut, wenn sie provokativ, polarisierend, kurios oder gar streitbar ist. Botschaften können eine immense Kraft entfalten, die Menschen zum Guten oder zum Bösen einsetzen können, um die Aufmerksamkeit der Öffentlichkeit zu erregen.

Donald Trump hat nicht zuletzt deshalb damals die Präsidentschaftswahl in den USA gewonnen, weil er Thesen hatte – also kurze, klare, verständliche und leicht zu merkende Botschaften: »Make America Great Again« oder »We Build the Wall«. Kann sich noch jemand an die Thesen von Hilary Clinton erinnern? Was wollte die eigentlich so?

Warum waren Virologen während der Corona-Pandemie so sichtbar? Weil sie für viele Menschen relevante Inhalte verbreiteten, aber eben auch, weil sie streitbar waren und sind. Wie viele behaupteten, dass die Experten doch eigentlich keine Ahnung hätten – in solchen Situationen merken wir, wie es zur Sache geht, wie es brodelt. Bis hin zu Beschimpfungen oder gar Morddrohungen. Was die Aufmerksamkeit angeht, kann dir kaum etwas Besseres passieren als eine Morddrohung, aber deiner Gesundheit ist das wohl eher weniger zuträglich. Du musst wissen, was du zu riskieren bereit bist.

Die Marketing-Macht von Botschaften

Als mein Networking-Buch *Wie man Bill Clinton nach Deutschland holt* auf den Markt kam, lief es ganz gut, doch ich fand, ein kleiner Push könnte nicht schaden. Aus diesem Grund bat ich meine PR-Agentin, meine Publikation in der Presse vorzustellen. Der Erfolg war sensationell. Wie hat sie das geschafft?

In dem Buch erzähle ich, dass ich als Networker zwei Dinge stets parat habe: Aspirin-Tabletten, weil so viele Menschen über Kopfschmerzen klagen (aber hoffentlich nicht, weil sie gerade mit mir zusammen sind), und Taschentücher, weil die Menschen manchmal zu weinen anfangen, wenn sie mir gegenüberstehen. Also formulierte meine PR-Agentin die Überschrift: »Warum ich immer Taschentücher dabeihabe« und gab diese Pressemeldung an die Deutsche Presseagentur weiter. Meines Erachtens eine wenig sinnvolle Botschaft, aber offenbar so aufmerksamkeitsstark, dass mein Buch Bestsellerstatus erreichte. Ist das nicht verrückt, dass wegen so einer kleinen Sache – und ja, ich habe wirklich immer Taschentücher bei mir – ein Buch so gehypt werden kann. Die Schublade war Networking, die These war die Bedeutung von Taschentüchern. Herrlich!

Mein kleines Thesen-Potpourri

Ich entwickle ja Thesen am laufenden Band – für mich selbst und für meine Kunden. Um dir mal aufzuzeigen, wie ich solche Botschaften entwickle und welche Geschichten ihnen zugrunde liegen, hier ein paar Beispiele.

Positives Denken ist schädlich: Diese These habe ich aus dem Widerspruchsprinzip heraus entwickelt. Den Mainstream, der da lautet, »Positives Denken ist wichtig«, habe ich, um Aufmerksamkeit zu generieren, durch die gegenteilige Behauptung ersetzt. Es ist nicht schwer, für jede positive Formulierung auch Gründe für das Gegenteil zu finden. So ist es auch mit dem positiven Denken: Es kann schädlich sein, wenn wir zu rosarot denken, zu oberflächlich bleiben, zu wenig selbstkritisch sind und damit Risiken unter- und Chancen überschätzen.

Große Taten schaden: Eine ähnliche Umkehrung. Da wir immer so hochachtungsvoll auf große Taten schauen, wollte ich genau das widerlegen. Unsere angedachten Schritte sind oft viel zu groß. Natürlich steigen wir alle metaphorisch gerne auf den höchsten Berg der Welt, sollten aber vorher auf ein paar kleineren gewesen sein. Und egal welchen Berg wir besteigen, jede Bergbesteigung beginnt mit dem ersten Schritt. Mit einem Schritt, mit einem zweiten Schritt. Alles, was wir tun, ist besser und leichter erreichbar, wenn wir es in kleinen Schritten tun, was die meisten Menschen vergessen.

Das Leben ist ein Wunschkonzert: Entgegen der Aussage: »Das Leben ist kein Ponyhof« wollte ich zum Ausdruck bringen, dass die Welt alles für uns bereithält. Wenn wir den entsprechenden Preis am Kassenhäuschen des Lebens bezahlen, können wir im Leben fast alles erreichen.

Geld macht glücklich: Es gibt wohl kein Glaubensmuster, das fester in uns verankert ist als die Aussage »Geld macht nicht glücklich.« Nun ja, Armut macht auch nicht glücklich. Sicherlich ist Geld alleine nicht glücksbringend und viele würden sagen, Gesundheit sei viel wichtiger als Geld, und dem stimme ich auch zu. Doch gerade wenn man krank ist, ist es in unserem ungleichen Krankenkassensystem (wir sprechen ja noch nicht einmal vom Gesundheitssystem) von großem Vorteil, Geld zu haben. Denn Gesundheit kostet Geld. Und es ist leider eine Tatsache, dass die Menschen, die mehr Geld haben, die sich privat versichert haben, sich eine bessere Gesundheit erkaufen und dementsprechend leisten können.

Der Saugnapfumsatz zeigt die Verzweiflung der Automobilindustrie: Vor einigen Jahren flog ich nach Berlin in die Servicezentrale eines der größten deutschen Automobilbauer. Im Taxi war ich verwundert, wie viele Geräte der Fahrer mit Saugnäpfen an seiner Windschutzscheibe angebracht hatte, während das eingebaute Navigations- und Kommunikationstool ausgeschaltet war. Ich sah ein Taxameter, ein Navigationsgerät, ein Smartphone und ein weiteres, mir unbekanntes Gerät. Ich überlegte, ob man all diese Geräte nicht abschaffen könnte, wenn die Automobilhersteller ihre Kommunikationssysteme öffnen würden für andere Tools, Anwendungen oder Apps. Das wäre doch für alle Beteiligten ein Gewinn! So startete ich meinen Vortrag mit der Behauptung: »Der Umsatz der Saugnapfindustrie zeigt die Verzweiflung der Automobilbranche.« Begeisterung war da, Aufmerksamkeit wurde erregt, der Vortrag traf wohl den Nagel auf den Kopf.

Aufmerksamkeitsführer schlägt Marktführer: Viele Mädchen kennen nicht nur Bibi Blocksberg, sondern auch Bibi von Bibis Beauty Palace. Bianca Claßen (geb. Heinicke), ihres Zeichens deutsche Webvideoproduzentin und Influencerin, betreibt seit 2012 den YouTube-Kanal BibisBeautyPalace, der laut Wikipedia zu den meistabonnierten deutschsprachigen YouTube-Kanälen zählt. Ihre Themen: Mode, Kosmetik, Lifestyle und Popkultur. Ihre Einnahmen durch Adsense, Sponsoring, Testimonials, Werbeartikel und Provisionen aus Affiliate-Marketing sowie ihre Kosmetikmarke Bilou (»Bibi Loves U«): schätzungsweise um die 100 000 Euro pro Monat.[43] Das ist doch schon mal was!

Ihr Duschschaum, den sie in Kooperation mit dem Drogeriemarkt dm entwickelte, war ein voller Erfolg und wurde vom Fleck weg ein Verkaufsschlager.[44] Im Mai 2017 veröffentlichte sie unter dem Namen Bibi H. mit dem Lied »How It Is« ihre erste Single.[45] Der Song wurde von Warner Music veröffentlicht und erreichte die Top Ten der Musikcharts in Deutschland und Österreich, allerdings in kürzester Zeit auch die Top Ten der unbeliebtesten YouTube-Videos weltweit.[46] Ihr YouTube-Video »Wir zeigen euch unser Haus« schaffte es hingegen mit über 6 Millionen Klicks (Ende 2020) auf Platz 3 der Top Trending Videos in Deutschland 2020.[47] Man sieht also: Aufmerksamkeit, also Sichtbarkeit, ist oftmals Trumpf!

Zuhören ist schädlich: Diese These habe ich noch nie verwendet, aber sie ist so spannend, deswegen findet sie hier Erwähnung. Weil uns allen das Zuhören offensichtlich so wichtig ist, wäre es doch interessant, mal ein Buch zu schreiben, das die Behauptung aufstellt, dass Zuhören schädlich sei. Zugegeben, diese Behauptung wird sich vermutlich nicht durchgängig halten lassen, aber man könnte ja im zweiten Kapitel auflösen und Gründe nennen, warum es doch sinnvoll sein kann, zuzuhören.

Der Weg zur Marke

Viele Leute wollen von mir wissen: »Hermann, wie lange dauert es, bis ich als Marke wahrgenommen werde?« Auf diese Frage gibt es keine allgemein gültige oder gar verbindliche Antwort, aber eine grobe Schätzung kann ich abgeben. Mit seriöser, fleißiger Arbeit und Engagement bin ich mir ziemlich sicher, dass sich Menschen innerhalb von zwei bis drei Jahren als Marke signifikant in ihrem Markt etablieren können. Schon nach wesentlich kürzerer Zeit werden sie vermutlich schon einiges erreicht haben und solide Einkommensströme realisieren.

Ein wunderbares Beispiel ist der großartige Calvin Hollywood, der im November 2016, so erzählte er mir, mein Buch *Der Weg zum Topspeaker* gelesen hatte. Darin hatte ich damals schon formuliert: »Trainer, Berater und Coaches verdienen durchschnittliche Tagessätze um die 1500 Euro. Profiredner verdienen Auftrittshonorare ab 3000 Euro!« Das war für ihn die Motivation, Gas zu geben – und ehrgeizig, zielstrebig und professionell, wie Calvin eben ist, war er schon kurze Zeit später, nämlich im Februar 2017, bei Dirk Kreuter auf der Bühne. Weitere vier Monate später bei Christian Bischoff, gefolgt von Gedankentanken im Juli 2017. Und im Jahr 2019 durfte ich ihn als Teilnehmer in meinem GOLD-Programm begrüßen. Heute tauschen wir uns oft freundschaftlich und kollegial aus.

Der Start gelingt umso besser, je schneller der Markt dich kennenlernt.

In seinem Fall hat es also nicht einmal ein Jahr gedauert, um viele große Bühnen der deutschsprachigen Welt zu erobern. Ein überaus flotter Start! Das musst du dir nicht zum Ziel setzen, wenn dich das zu sehr unter Druck setzt, aber zügig loslegen solltest du auf alle Fälle. Und der Start gelingt umso besser, je schneller der Markt dich kennenlernt.

Die Geschwindigkeit des Lernens

»Wie schnell lernen wir?« Als Antwort auf diese Frage, die ich in meinen Veranstaltungen gerne stelle, bekomme ich in der Regel zwei widersprüchliche Aussagen.

Die eine Antwort lautet: »Langsam wie eine Schnecke, es dauert Ewigkeiten.« Da ist durchaus etwas dran. Schüler verbringen hierzulande beispielsweise bis zu 13 Jahre in der Schule. Wie erfolgreich das Ergebnis ist, kann jeder in der aktuellen PISA-Studie nachlesen. Doch auch fernab der Schulerfahrungen wissen wir, wie mühsam es oftmals ist, etwas zu lernen, sich etwas Neues anzueignen, Routinen zu verändern, eine Sprache zu erlernen und zu beherrschen und so weiter. Ja, wir lernen langsam.

Deine Story muss wie eine heiße Herdplatte sein

Doch auch die gegenteilige Antwort wird mir gerne entgegengerufen: »Hermann, wir lernen extrem schnell, innerhalb von weniger als einer Sekunde.« Auch da ist etwas dran. Denk nur mal an ein Kind, das auf eine heiße Herdplatte fasst (so mancher erinnert sich vielleicht selbst mit Schrecken daran zurück). Der Lerneffekt, nie wieder auf eine heiße Herdplatte zu fassen, stellt sich im Nullkommanichts ein – und hält ein Leben lang. Dazu braucht es keinen weiteren Unterricht oder irgendwelche Belehrungen. Das Learning ist sofort da.

Tja, was stimmt denn nun? Was meinst du? Beides?

Ich denke, je höher die Intensität der Lernerfahrung ist, desto schneller lernen wir und desto besser behalten wir die Dinge im Gedächtnis. Diese Erkenntnis ist wichtig für deine Positionierung: Deine Story muss wie eine heiße Herdplatte sein (mehr dazu in Kürze), damit Menschen, die dich kennenlernen sollen, eben das auch tun. Sie müssen erfahren, dass es dich gibt. Im Begriff »Kennenlernen« steckt das Lernen ja schon drin. Wie lernen potenzielle Auftraggeber, Redneragenturen, Expertenagenturen, potenzielle Kunden schneller, dass es dich gibt? Du kannst die Lerngeschwindigkeit direkt erhöhen mit deiner Fähigkeit, eine »heiße Herdplatte« zu entwickeln. Noch deutlicher: Je heißer deine Herdplatte, desto schneller wirst du gebucht!

Der 10-Stufen-Plan für mehr Sichtbarkeit

Um auf dem Markt erfolgreich zu sein, braucht es Sichtbarkeit. Genau dafür habe ich den folgenden 10-Stufen-Plan entwickelt, den ich auch in meinen GOLD-Programm mit den Teilnehmern intensiv durchgehe:

1. Marktanalyse und Marktbearbeitung

Es gibt so unendlich viele Marktchancen und Märkte, die den meisten Menschen verschlossen bleiben. Es ist wie in der Wüste: Wer die Oasen nicht kennt, wird verdursten. Deshalb gilt es, möglichst viele Märkte und vor allem Einkommensfelder kennenzulernen. Alleine in meinem Markt kann ich Einnahmen beispielsweise durch Coaching, Beratung, Training, Vorträge, Masterminds, Webinare, Veranstaltungen, Kaminabende, Bücher, Medien, Onlinekurse, Merchandise, Produkte, Dienstleistungen oder Werbeeinnahmen oder Influencer erzielen, um nur einige Beispiele zu nennen.

2. Positionierung der eigenen Persönlichkeit/ Profilerstellung

Eine wirkungsvolle Positionierung, die perfekt auf den Markt ausgerichtet ist und abrufbar in einem Profil dokumentiert wird, ist die Eintrittskarte zur ersten Million!

3. Umsatzsteigerung und höhere Honorare

Fast alle Menschen verkaufen sich zu billig. Viel zu billig. Irgendetwas scheint bei uns in der Prägung zu unserem eigenen Wert wohl falsch gelaufen zu sein. Erst kürzlich fragte mich eine Teilnehmerin des GOLD-Programms, die eine Moderation aufgrund der großen Sichtbarkeit nahezu kostenlos anbieten wollte, wie sie mit dem Thema Honorar umgehen solle. Ich gab ihr einen Rahmen vor und diese E-Mail kam vier Tage später als Antwort: »Danke, Hermann, für den Frame 5 000 Euro. Ohne dich hätte ich mich viiiiel zu günstig angeboten. Wir stehen jetzt bei 3 500 Euro (plus 30 Prozent Beteiligung).«

4. Buch- und Medienerstellung

Es gibt wohl keinen größeren Wachstums-, Reputations- und Umsatzturbo als ein eigenes Buch. Punkt.

5. Performance-Entwicklung

Warum erhalten die einen ein müdes Lächeln und die anderen Standing Ovations? Es liegt selten an der Qualität der Inhalte, sondern vielmehr daran, wie diese vermittelt werden.

6. Onlinedarstellung und -verkauf

Wir leben in einem Goldgräber-Zeitalter. Ich möchte behaupten, dass es zu keinem Zeitpunkt der Menschheitsgeschichte leichter war, ein Unternehmen aufzubauen oder sich sichtbar zu machen. Das Internet und Social Media geben uns die Möglichkeit, von unserem Wohnzimmer aus die ganze Welt zu erobern.

7. Presse- und Öffentlichkeitsarbeit

Wer die unbekannten Mechanismen der Presse- und Öffentlichkeitsarbeit einmal durchschaut hat, der weiß, wie leicht es sein kann, in die Sichtbarkeit zu kommen. Und damit genau das zu erreichen: dass man sich nicht mehr verkaufen muss, sondern gekauft wird.

8. Gekauft werden – statt zu verkaufen
Wer dieses Ziel erreicht hat, kann von Markenmagnetismus sprechen. Marken verkaufen sich nicht nur schneller und teurer, sie werden auch mehr geliebt und wertgeschätzt. Kurzum: Entweder du bist eine Marke oder es geht um den Preis.

9. Logenplatz im Kundenkopf erobern
Es wird höchste Zeit, dass Menschen das verdienen, was sie verdient haben – und das geht leicht, wenn man die erste oder einzige Wahl im Kopf des Entscheiders ist.

10. Ideen und Dienstleistungen kapitalisieren
Früher suchten Menschen oft nach dieser einen Idee. Laut meiner Einschätzung hat sich das geändert. Es gibt Ideen wie Sand am Meer, aber die wenigsten wissen, wie sie ihre Ideen kapitalisieren, also mit ihren Vorhaben wirklich Geld verdienen können. Dabei bin ich mir sicher: Keine Idee ist zu verrückt, zu »blöd«, zu außergewöhnlich, um diese nicht zu Geld zu machen.

Botschaften wie »heiße Herdplatten«

Wie kannst du etwas als heiße Herdplatte formulieren, damit Kunden, Verlage, Redneragenturen oder wen auch immer du gerade erreichen oder überzeugen willst, auf dein Angebot oder deine Dienstleistung aufmerksam werden? Anders ausgedrückt: Was macht neugierig, worüber will man mehr wissen, was würde mediales Interesse erzeugen? Was bringt dich in die Pole Position? Ich möchte dir im Folgenden sieben Wege vorstellen, um so eine heiße Herdplatte zu generieren:

1. Nutzen,
2. Not,
3. Neugier,
4. Neuheit,
5. Non-Mainstream,
6. Nötigung (Provokation),
7. Narben.

Nutzen

Je nutzenversprechender oder nutzenstiftender deine Botschaft ist, desto schneller ist der Adressat gewillt, weiterzulesen, weiterzuklicken oder zu konsumieren, weil der Nutzen für ihn relevant erscheint.

Hier ein paar Beispiele für Botschaften:

- Dein Kind wird Klassenheld.
- Im Ring mit dem Finanzamt.
- Radikal und legal Steuern sparen.
- Erfolgsfaktor Schlaf.

Not

Die Not, besser gesagt die Bewusstmachung einer Not, ist ein probates Mittel, um Aufmerksamkeit und Nachfrage zu generieren. Ein Nutzen lindert übrigens häufig automatisch eine Not, also kannst du zwei Fliegen mit einer Klappe schlagen. Wenn du zum Beispiel den Nutzen bietest, Steuern zu sparen, dann linderst du gleichzeitig die Not, Steuern zahlen zu müssen. Dabei gilt der Grundsatz »Problembewusstsein vor Lösungsvorschlag«. Bevor du also Lösungen präsentierst, ist es sinnvoll, zuerst die Not aufzuzeigen, die wir haben, wenn wir die Lösungen nicht einsetzen oder anwenden. Leute, die drängende Probleme besser erkennen, kommen als Lösungsanbieter schneller infrage, denn Problemerkennungskompetenz lässt Lösungskompetenz vermuten. Es gibt beispielsweise eine Haustierexpertin, die zum Jahreswechsel immer sichtbar ist, weil sie beschreibt, wie groß die Qual für Haustiere an Silvester ist, da das Geböller die Tiere unendlich erschreckt, diese darunter leiden und sogar traumatisiert werden.

Prof. Dr. med. Rüdiger Horstmann, Facharzt für Allgemeinchirurgie, Visceralchirurgie und Gefäßchirurgie, beschreibt in seinem Buch *Was die Chirurgie fürs Leben lehrt*, was man im Operationssaal über Teamwork lernen kann. Denn eins ist klar: In dieser Umgebung geht es oft genug um Leben und Tod.

Hier ein paar Beispiele für Botschaften:

- Du bist gut und keiner weiß es.
- Gekauft werden, statt zu verkaufen.
- Die Steuern fressen Unternehmer auf.
- Geld allein ist auch eine Lösung.
- Der Kampf zurück ins Leben.
- Die Insolvenz klopft an die Tür.

Neugier

Ist deine Botschaft spannend, ist sie interessant? Wollen die Leute davon mehr erfahren, weil sie geradezu magisch angezogen werden, aus welchen Gründen auch immer? Und wenn es nur ihre Sensationssucht befriedigt.

Natürlich ist alles, was uns neugierig macht, grundsätzlich als heiße Herdplatte geeignet. Aber Achtung, ich unterscheide zwischen zwei Arten der Neugierde: diejenige, die uns auf etwas, was wir uns in irgendeiner Form wünschen, neugierig macht, und diejenige, die uns nur deshalb neugierig macht, weil wir die Aussage nicht verstehen. Viele entwickeln bewusst oder unbewusst Botschaften oder Texte, die unverständlich und kryptisch sind, und hoffen dann, dass die Leute neugierig werden und nachfragen, was sich wohl dahinter verbirgt oder was man darunter verstehen soll. Den letzteren Punkt halte ich für gefährlich, wie schon an anderer Stelle beschrieben.

Hier ein paar Beispiele für Botschaften:

- Von der Patientin zur Therapeutin.
- Unbox your …
- Wie ich es geschafft habe …

Neuheit

Alles, was neu ist, macht uns neugierig, das überschneidet sich also ein wenig mit dem vorangehenden Punkt. Als 2021 in Deutschland die App Clubhouse »by invitation only« auf den Markt kam, waren der Neuheitsgrad und die Limitierung des Zutritts ausreichend, um einen Hype zu erzeugen. Gleiches gilt für Veränderungen in der Welt, sei es die aktuelle Bundestagswahl, ein neuer Präsident der Vereinigten Staaten, aufkommende Trends oder eine unerwartete Pandemie.

Etwas Neues kann aber auch »regelmäßig neu« sein, um es mal positiv zu formulieren: Wenn im Frühjahr die Gräser blühen, die Pollenflugzeit beginnt, dann ist das, wenn man etwas über Allergien oder Luftreinigungsgeräte zu sagen hat, jährlich neuer Content. Oder die Zeitumstellung zweimal im Jahr, die wir immer noch nicht losgeworden sind, was seither – neben den allgemeinen Überlegungen zum Drehen an der Uhr – jedes Mal wieder ins Gedächtnis gerufen werden kann.

Hier ein paar Beispiele für Botschaften:

- Händewaschen in Corona-Zeiten.
- 100 Tage nach der Wahl.
- Was erwartet uns, nachdem …

Non-Mainstream
Je mainstreamiger du bist, desto langweiliger bist du. Die Menschen wollen eben lieber überrascht werden.

Dem Vertriebsleiter eines renommierten Verlags wurde bei unserem GOLD-Programm einmal die Frage gestellt, wie er sich einen guten Buchtitel vorstelle. Er meinte, viele Bücher, zum Beispiel im Bereich Führung, seien gut, aber irgendwie auch weich, wie *Führen auf Augenhöhe, Führen wie ein Leader, Führung als Vorbild, Führen als Partner*. Wie wäre es denn mal mit einem Non-Mainstream-Titel? Er formulierte aus dem Stegreif: *Führen ohne Gnade*.

Hier ein paar Beispiele für Botschaften:

- Zeitmanagement funktioniert nicht.
- Positives Denken ist schädlich.
- Verkäufer sind Weicheier.

Nötigung (Provokation)
Provokation ist für mich ein wunderbares Tool. Ich nenne es hier nur Nötigung, um die Alliteration fortzuführen. Nötigung oder Provokation helfen, eine heiße Herdplatte zu entwickeln. Dies gelingt durch Frechheit, durch Angriffe, denn damit erreichen wir Aufmerksamkeit. Alles, was das Publikum aufrüttelt, ist aufmerksamkeitsstark, und Widersprüche treiben unseren Geist in die Enge. Wir wollen wissen, warum etwas ist, wie es ist, oder aber begründen, warum das gar nicht sein kann.

Bei einem Speaker-Slam trat der Schlafforscher Dr. Martin Schlott mit der Botschaft an: »Wer länger schläft, hat dickere Hoden.« Nun kann man darüber streiten, wie groß die Bedeutung von dickeren Hoden ist. Für manche könnte die Botschaft nützlich sein, für manche könnte sie die Not lindern, sie ist auf jeden Fall etwas Neues, macht neugierig – und da ist zudem ein Schuss Provokation drin. Der Intensivmediziner und Schlafexperte weiß, dass Schlaf enorm viel bringt – sofern er denn gut ist. Mittlerweile ist Dr. Schlott deutschlandweit sichtbar. Nicht nur in diversen Medien, Podcasts & Co., sondern auch mit einem Buch zu seinem Herzensthema: *Erfolgsfaktor Schlaf*.

Hier ein paar Beispiele für Botschaften:

- Nieten in Nadelstreifen.
- Die deutsche Wirtschaft ist am Ende.
- Die meisten Menschen können nicht kommunizieren.
- Deutschland – das Schlusslicht Europas?
- Es gibt ein Leben vor dem Tod.
- Wir vergeuden unsere Zeit, wir verlottern unser Leben.
- Die meisten Hochzeiten sind lieblos.

Narben

Vieles, was uns im Leben widerfährt, hinterlässt Narben – körperliche und seelische. Jeder Mensch erlebt Höhen und Tiefen, es ist ein stetes Auf und Ab. Und gerade, wenn wir im tiefsten Jammertal sitzen, sind wir froh, wenn uns jemand eine helfende Hand reicht. Wenn wir uns mit unserem Schicksal nicht mehr so einsam und allein auf der Welt fühlen. Wenn wir einen Ausweg aus der Misere sehen. Wenn es einen Hoffnungsschimmer gibt. Dann erregen solche Botschaften unsere Aufmerksamkeit:

- Wie Sie Ihre Schmerzen lindern.
- Missbrauch und andere Gräueltaten verarbeiten.
- Trauerarbeit beginnen, bevor die Seele schwarz wird.
- Wie du Liebeskummer überstehst.
- Loslassen lernen.

Mehrfachauswahl möglich

Wie du siehst, gibt es viele Möglichkeiten, wie du dich darstellen kannst. Dabei wird deutlich, dass es darauf ankommt, wie deine Botschaften formuliert sind: Je nutzenstiftender, notlindernder, neugierig machender oder neuartiger du bist, desto mehr Klicks, Kooperationen oder Buchungen kannst du generieren. Die meisten Botschaften lassen sich dabei problemlos durch alle sieben Ns deklinieren, wie ich das hier einmal am Beispiel Glück mache:

- **Nutzen:** Die Methode, mit der jeder glücklich wird – garantiert!
- **Not:** Jeder unglückliche Tag ist ein verlorener Tag.
- **Neugier:** Wo geht's denn hier zum Glück?
- **Neuheit:** Der jährliche World Happiness Report ist da!
- **Non-Mainstream:** Glück wird überschätzt.
- **Nötigung/Provokation:** Du wirst garantiert unglücklich leben.
- **Narben:** Hat dir die Vergangenheit dein Glück geraubt?

> ***Je nutzenstiftender, notlindernder, neugierig machender oder neuartiger du bist, desto mehr Klicks, Kooperationen oder Buchungen kannst du generieren.***

Hier noch ein paar Botschaften meiner Teilnehmer, darunter Unternehmer, Selbstständige, Coaches, Berater, Trainer, Freiberufler, Immobilienmakler, Fotografen, Wissenschaftler, Rechtsanwälte, Redner, Steuerberater, Heilberufler et cetera, also Leistungsträger und Experten, deren Qualität und Leistung es verdient haben, am Markt wirkungsvoll positioniert zu werden.

- Corona kostet im Jahr 1,5 Millionen Zähne durch versäumte Behandlungen.
- Der Mensch hat seine Menschlichkeit verloren.
- Glücklich sein ist (d)eine Entscheidung.
- Warum sind Menschen mit Behinderung glücklicher als ohne?
- Mutlosigkeit kostet den Verstand.
- Die Frau, die der Kirche auf das Dach steigt.
- Dein Zuhause nimmt dir die Luft zum Atmen.
- Wo geht's denn hier zum Glück?
- Du bist gut und keiner weiß es.
- Ich habe Rücken.
- Allergie muss nicht sein.

Positionierung possible

Es ist einfach unglaublich, welche Dynamik sich entwickelt, wenn man die richtige Story oder Botschaft wählt und diese mit der Positionierung in einen passenden Rahmen setzt!

Schimmelalarm

Im Oktober 2020 stand ein Malermeister mit der Frage vor mir, wie man ihn positionieren könne. Ich überlegte: Was machte einen Malermeister im Allgemeinen aus? Was tat er, das man nach außen tragen konnte? Und was tat dieser Mann im Speziellen? Schnell stellte sich heraus: Sein Spezialgebiet war Schimmelbefall und dessen Beseitigung. Die Kernfrage, die meine Positionierungsarbeit ausmachte, lautete: Gab es schon einen Schimmelexperte, einen »Guru des Schimmels«, der deutschlandweit sichtbar war, sodass ganz Deutschland mit dem Thema Schimmel nur noch einen Namen verknüpfte, nämlich seinen? Nein, gab es nicht. Also schritten wir zur Tat.

Jürgen Jörges kam im Oktober 2020 ins GOLD- und, im November 2020 ins PLATIN-Programm und veröffentlichte im Januar 2021 ein Buch. Sein Claim, sein Vortrags- und sein Buchtitel waren identisch und funktionierten wunderbar: »Schimmel, Arsch und Zwirn«. Der Erfolg ließ nicht lange auf sich warten. Schnell hatte er auch einen Spitznamen weg, den man sich merken konnte (Stichworte: Schublade und Wiedererkennungswert): »Schimmel-Schimanski«, die Zeitungen fuhren auf die Story ab, die Aufmerksamkeit war enorm. Sein Buch wurde von über 70 Zeitungen angekündigt, darunter die *BILD-Zeitung* mit einem fast ganzseitigen Bericht über ihn in einer Auflage von knapp 2 Millionen. Ein Werbewert, den man sich nie leisten könnte, wenn man ihn bezahlen müsste.

Da er über das Thema Schimmel nicht nur fachsimpeln, sondern auch humorvoll reden konnte – und die ersten Ursprünge von Schimmel in der Bibel gefunden hat –, war er ein gern gesehener TV-Gast. Er war im Frühstücksfernsehen, in Ratgebersendungen und sogar in Talkshows und wurde das, was im Fernsehen als »gesichtsbekannt« bezeichnet wird.

All das geschah in weniger als fünf Monaten – und das mit dem Thema Schimmel, das auf den ersten Blick nun wirklich alles andere als sexy und begehrenswert ist. Aber seine Botschaft und seine Positionierung bedienten mehrere Herdplatten:

- Du hast Schimmel zu Hause.
- Du lebst gefährlich!
- Hinter deinem Schrank ist ein Monster.
- Wer weiß, woher dein Asthma wirklich kommt?
- Du hast keine Ahnung, wer sich alles in deinem Haus versteckt.
- Feuchte (Alb-)träume.

Bettgeschichte

Boris Thomas ist geschäftsführender Gesellschafter von Lattoflex, dem weltweiten Marktführer im Bereich Lattenroste, der als Goldie einmal die Frage stellte: »Kann man Lattenroste sexy machen?« Ja, kann man.

Er schrieb ein Business-Buch mit dem Titel *Fang nie an aufzuhören – Das Mindset für Manager und Macher* und hat es wunderbar geschafft, diese Seite seines Mindsets mit seinen Vorträgen zu verbinden, in denen er die These aufstellte, dass einer der größten Glücksfaktoren guter Schlaf ist, den seine Lattenroste garantieren.

Du hast es geschafft, wenn du nicht mehr verkaufen musst, sondern gekauft wirst.

Als er auf der Buchmesse in Leipzig einen Vortrag gehalten hat, bei dem – man mag es kaum glauben – tatsächlich ein Lattenrost auf dem Messestand ausgestellt war, hat ihm das so viel Prominenz eingebracht, dass sogar RTL einen Film in seiner Fabrik gedreht hat, wie Lattenroste produziert werden. Mittlerweile ist sein neues großartiges Business-Buch erschienen: *Teile die Wolken und finde den Weg: Fünf Schritte zum Erfolg durch Klarheit.*

Botschaften, die wie heiße Herdplatten sind, führen also dazu, dass Menschen mehr lesen wollen, mehr wissen wollen, auf den »Kaufen«-Button klicken, dein Buchkonzept anschauen, dich für einen Vortrag buchen, deinen Onlinekurs belegen et cetera. Kurzum: Sie wollen dich. Du hast es geschafft, wenn du nicht mehr verkaufen musst, sondern gekauft wirst. In diesem Sinne: Pass in Zukunft auf die heißen Herdplatten auf, die in der Küche – und vor allem auf die, die deine Positionierung glühen lassen!

6

Content ist nicht King

Zahlen, Daten, Fakten

Die Gedanken vieler Menschen, die sich mit ihrer Positionierung beschäftigen, drehen sich um das Thema Content: »Habe ich überhaupt Content? Habe ich *genug* Content? Habe ich den *richtigen* Content?« Ich habe den Eindruck, viele Menschen glauben, sie müssten die Welt neu erfinden und Tausende Bücher lesen, bis sie in der Lage sind, selbst etwas zu behaupten oder einen Standpunkt zu vertreten. »Bloß nicht angreifbar machen«, lautet die Devise.

Damit keine Missverständnisse aufkommen: Es ist bestimmt nicht schädlich, einige Bücher zu lesen. Dennoch muss man wissen, wann es reicht. Aber viel zu viele Leute recherchieren sich regelrecht zu Tode, weil sie dem Irrtum unterliegen, dass sie das gesamte Weltwissen zu einem Thema selbst kennen und eigenhändig erarbeitet haben müssen. Sie tun also monatelang nichts anderes, als herauszufinden, was es zu einem bestimmten Thema zu lesen, zu sagen, zu hören und zu meinen gibt. Pro und Contra, Expertenmeinungen, Einschätzungen, wissenschaftliche Grundlagen, Studien, Umfragewerte – kurzum: Zahlen, Daten, Fakten ohne Ende.

Perfektes Wissen ist eine Herkulesaufgabe und eine Illusion noch dazu.

Wer sich schon mal eine Woche in den Irrungen und Wirrungen des World Wide Web verlaufen oder sich in den letzten Winkeln der Bibliotheken wiedergefunden hat auf der Suche nach einem bestimmten, unbedingt noch wichtigen Buch, der weiß: Perfektes Wissen ist eine Herkulesaufgabe und eine Illusion noch dazu. So viel kann sich kein Mensch anlesen, zumal in vielen Feldern die Entwicklungen auch laufend voranschreiten. Wer da mithalten will, wird sehr schnell außer Puste kommen und vor lauter Atemnot überhaupt nichts mehr zu sagen wissen.

Ich habe schon Menschen erlebt, die Redner werden wollten und monatelang, ja manchmal sogar fast ein Jahr recherchiert haben. Am Ende war der Status quo wie folgt:

- Motivation erschöpft,
- zeitliche Reserven erschöpft,
- Finanzen erschöpft,
- Freude verloren,
- festgestellt, dass man weiß, dass man nichts weiß,
- und resigniert aufgegeben.

Diese potenziellen Redner haben den Höhepunkt, nämlich die Speaker-Karriere, nie erreicht. Ganz nach dem Spruch: »Das Vorspiel nahm den Hengst so mit, dass er erschöpft zu Boden glitt.« Dabei hätten die meisten von ihnen das Zeug dazu gehabt. Schade!

Die wahre Kunst besteht darin, Wissen, Erkenntnisse, Erfahrungen, Erlebnisse spannend und interessant genug zu präsentieren – es gibt keine Fleißbildchen für diejenigen, die unendlich viel davon sammeln. Und vor allem gilt es nicht, das gesamte Wissen der Welt akribisch zusammenzutragen, sondern dein persönliches Wissen zu erweitern und zu verdichten, sodass dein Content zu deiner Personal Selling Proposition passt und deinen Platz auf der Pole Position stärkt.

Es ist also im Grunde leichter, als man gemeinhin denkt, aber die meisten Menschen glauben, sie müssten weiß Gott was werden oder sein, und wären erst dann »reif« genug. Solche Leute frage ich dann gerne: »Was glaubst du denn, wer du sein musst?« So viele malen daraufhin ein Anforderungsbild, dem sie glauben, gerecht werden zu müssen, dass ihr Scheitern nahezu garantiert ist.

Die wahre Kunst besteht darin, Wissen, Erkenntnisse, Erfahrungen, Erlebnisse spannend und interessant genug zu präsentieren.

Ich kann dir versichern: In weit über 90 Prozent der Fälle habe ich erlebt, dass das, was die Menschen im Herzen tragen, absolut ausreichend war für eine Positionierung. Das bedeutet, du musst kein Erfinder, Forscher, Nobelpreisträger und Mutter Teresa in einer Person sein, um die Erfahrungen, die du gesammelt hast, präsentieren zu dürfen. Du musst noch nicht mal jahrzehntelange Erfahrungen vorweisen können. Du darfst einfach du sein. Das reicht.

Es reicht völlig, mit offenen Augen durch die Welt zu gehen und über das, was man sieht – nachdem man einen besonderen Blickwinkel eingenommen hat –, zu berichten. Du merkst schon: Content wird dein kleinstes Problem sein, auch wenn du das momentan vielleicht noch nicht so recht glauben willst. Doch ganz ohne Content geht es natürlich nicht, deswegen werfen wir jetzt einen kurzen Blick darauf.

Die Sache mit dem großen Wurf

Mit dem Content ist es auch beim Buchschreiben so eine Sache. Ich habe lange geglaubt, dass es essenziell ist, immer etwas Tiefgründiges zu schreiben. Ich darf es dir schon jetzt verraten: Das ist nicht zwingend so.

Eines frühen Morgens saß ich in Las Vegas, vom Jetlag geplagt, und wusste um fünf Uhr morgens schon nicht mehr, was ich mit mir anfangen sollte. Um die Dame in der anderen Hälfte des Betts nicht zu stören, entschied ich mich, in die Hotellobby auszuwandern, um an meinem aktuellen Buch weiterzuschreiben. Es gab sonst aber auch wirklich nichts Besseres zu tun. Selbst das Nachtleben von Las Vegas ist um fünf Uhr morgens eher fad, und Frühstück gab es noch keins.

Also setzte ich mich in der Lobby auf eines der Sofas und versuchte, die richtigen Tasten auf meinem Laptop zu treffen. Es fiel mir echt schwer und ich fand den Flow nicht so recht. Ich hatte keine guten Einfälle, konnte keine geraden Sätze formulieren, ich löschte mehr, als ich schrieb. Nichts gefiel mir, es fehlte die Inspiration, es fehlte die Motivation – es passte einfach gar nichts.

Ich hielt inne, schaute mich um und beobachtete einen jungen Mann, der mit der Reinigung der Lobby beschäftigt war. Mit einer merkwürdig anmutenden Vorrichtung mühte er sich ab, die Überreste der Nacht vom Boden aufzusammeln. Plötzlich kam er mit großen Schritten direkt auf mein Sofa zu, mit ausgestrecktem Greifinstrument. Er zupfte fast neben mir an einem merkwürdigen Zipfel, der mir bis dahin nicht einmal aufgefallen war. Ich traute meinen Augen nicht, als plötzlich ein Büstenhalter – und zwar ein aufregend schöner, sexy Büstenhalter – vor mir hin und her baumelte. Total irritiert war ich, als der Mitarbeiter mich dann fragte, ob das Teil zufällig mir gehöre.

Während ich noch vehement verneinte, ging in meinem Kopf ein wahnsinniges Kino los. Was musste da vor Kurzem passiert sein? Was war auf diesem Sofa los gewesen? Wie hatte dieses Stückchen Reizwäsche seinen Weg wohl in die Sofaritze gefunden und war dort vergessen worden? Hatten sich an der Stelle, an der ich gerade saß, vor wenigen Minuten noch zwei Liebende gewälzt? Sich gegenseitig die Kleidung vom Leib gerissen und den wildesten Sex ihres Lebens gehabt? Interessante Fragen, die logischerweise alle unbeantwortet blieben.

Und was, bitteschön, trieb ich nun hier auf dieser Couch? Offenbar bestand mein Leben daraus, auf Sofas zu sitzen, ratlos auf Laptop-Displays zu starren und meine Finger dazu zu bewegen, etwas zu Papier oder besser: zur Datei zu bringen. War das wirklich der Inhalt meines Lebens, während andere so viel Lust und Leidenschaft in sich verspürten, dass sie es nicht mehr aufs Zimmer schafften und auf einem Lobbysofa übereinander herfielen? Schon irgendwie erbärmlich.

Ich war frustriert, ich war zornig, ich war wütend. Ich wusste gar nicht, was alles an Emotionen durch meinen Körper ging – und ich begann, genau das in mein Buch zu schreiben: Wie man sich fühlt, wenn man auf einem Sofa sitzt, in dessen Ritzen Büstenhalter gefunden werden. Heute ist dieses Buch ein Bestseller, weil sich vielleicht viele Menschen so fühlen, als würden andere Menschen sich die Büstenhalter leidenschaftlich vom Leib reißen. Und damit habe ich vielleicht mehr Wahrheit, mehr Gewicht aus dieser Kleinigkeit des Lebens gezogen, als man sie in Lehrbüchern findet.

Also, bevor du zu viel recherchierst, flieg lieber nach Las Vegas. Und bevor du zu schreiben anfängst, erlebe Büstenhalter-Abenteuer oder etwas anderes Verrücktes oder Außergewöhnliches. Dann kannst du mehr erzählen als ich.

Die Präsentation macht's!

Es geht eben nicht nur um den Content an sich. In den meisten Fällen ist weniger Content sogar mehr. Wichtig ist, dass er verständlich und interessant rübergebracht wird. Die Welt besteht aus Geschichten, und wer Geschichten besonders gut erzählen kann, hat eine großartige Positionierung. Die Geschichten, die wir selbst erlebt haben, sind oft nicht nur diejenigen, die wir am besten erzählen können. Es sind auch diejenigen, die beim Publikum am besten ankommen.

Und es müssen nicht einmal deine eigenen Storys sein, es können durchaus auch Beispiele und Erfahrungen anderer sein. So hat es Julien Backhaus gemacht, der mit 24 Jahren als jüngster Zeitschriftenverleger Deutschlands galt. Er interviewte bekannte Namen zum Thema Erfolg und strickte aus diesen Gesprächen unter anderem auch ein Buch. Die Liste der Protagonisten ist eindrucksvoll, ob es Wolfgang Bosbach, Wladimir Klitschko, Ursula von der Leyen, Udo Walz, Tokyo Hotel, Reinhold Messner, Sky du Mont, Ralf Dümmel, Reiner Calmund, Oliver Kahn, Otto Schily, Jürgen von der Lippe, Henry Maske, Gregor Gysi, Peer Steinbrück, Andy MacDowell, Gary Vaynerchuk, Daniela Katzenberger, Christian Lindner, Carsten Maschmeyer, Bushido, Frank Thelen, Dieter Bohlen oder Sylvester Stallone sind.

Geschichten, Erzählungen, Erlebnisse, Heldenreisen, Erfahrungen, das wollen alle Menschen hören. Unabhängig davon, ob du im Business-to-Consumer- oder im Business-to-Business-Bereich unterwegs bist. Dennoch gibt es Unterschiede in der Erzählweise. Während im B2C-Bereich viel mehr über persönliche, private, menschliche Erfahrungen und Storys gesprochen wird, bis hin zu Erlebnissen, dass die eigene Mutter vergewaltigt wurde, der Bruder drogensüchtig war oder das Kaninchen einen schrecklichen Tod gestorben ist. Unternehmen wollen hingegen in der Regel nichts von verstorbenen Kaninchen oder ähnlichen Dingen erfahren. Sie möchten aber auch gerne Heldenreisen hören, allerdings weniger über Individuen, sondern über Unternehmen. Es geht also vor allem um die Auswahl passender Beispiele: im B2B-Markt weniger Persönliches, dafür Geschichten von CEOs, Unternehmensabläufen, Verkaufs-, Prozess- und Erfolgsbeispielen. Das nennt sich dann Best Practice.

Die Geschichten, die wir selbst erlebt haben, sind oft nicht nur diejenigen, die wir am besten erzählen können. Es sind auch diejenigen, die beim Publikum am besten ankommen.

Wer sich sehr schlau dabei anstellt, Best-Practice-Beispiele zu suchen und zu präsentieren? Für meine Begriffe eindeutig Anja Förster und Peter Kreutz. Ein Ehepaar, mit dem ich zusammenarbeiten durfte, die sich Autoren, Speaker und *rebels at work* nennen. Sie lieben es, um die Welt zu reisen, und haben ihr Hobby zum Beruf gemacht. Auf ihren Weltreisen sammeln sie jede Menge Geschichten ein und präsentieren diese auf den Bühnen dieser Welt. Das Magazin *Focus* schrieb über sie: »Sie nehmen als Management-Vordenker in Deutschland eine Schlüsselrolle ein.«[48]

Content auf der ganzen Welt

Apropos Reisen: Was wäre, wenn eine Weltreise dein Business und deine Positionierung enorm beflügeln würde? Stell dir vor, du bist Serviceexperte und nimmst dir vor, die wichtigsten Serviceimpulse nicht bei der Dorfladen-Bäckerei um die Ecke zu suchen, sondern erhebst den Anspruch, die weltbesten Servicebeispiele zu scouten. Dazu fliegst du einmal um die Welt, um Best Practices auf allen Kontinenten zu identifizieren, und zwar in 30 Tagen: Wie geht Service in Singapur? Wie geht Service in Sydney? Gibt es ein tolles Beispiel in Los Angeles? Und was ist mit Johannesburg?

Eine grandiose Sache, denn deine Positionierung als »Service-Papst« ist mit sofortiger Wirkung abgesegnet. Du hast dann genug Beispiele und Erlebnisse, um ein Reisetagebuch zu führen und einen Podcast zu machen. Du kannst deine Servicebeispiel-Protagonisten interviewen, um all das zu vloggen, zu podcasten und diesen Input kannst du wiederum in ein Buch transkribieren und anreichern und sicherlich auch Vorträge und sogar Seminare oder Workshops mit deinem Wissen füllen. Allein die Aufregung, danach zu suchen, wäre sensationell und schon Grund genug, um schon mal die Koffer zu packen. Findest du nicht?

Eine Weltreise verändert nicht nur dein Leben und formt deine Persönlichkeit, auch deine Positionierung sitzt danach bombenfest, du hast jede Menge Material in petto und kannst aus dem Vollen schöpfen.

Die Bezeichnung »Serviceexperte« ist natürlich austauschbar, da eine Weltreise auf nahezu jede Art von Positionierung passt. Willst du die weltweit besten Unternehmensmodelle kennenlernen oder die besten Führungsstile, die interessantesten digitalen Macher, die innovativsten Erfolgsunternehmen, die ausgefallensten Künstler – so wäre all das möglich. Es wäre ebenso möglich, auf diese Weise die besten Beziehungsbeispiele, die besten Seminare, die besten Erfolgsimpulse, die besten Lebensmomente zu finden. Na ja, und ums Thema Reisen kann es sich logischerweise auch drehen.

Du kannst immer um die Welt fliegen, um Content zu generieren und damit wunderbar Aufmerksamkeit erregen. Und die Reise lässt sich auch von der Steuer absetzen, wenn du sorgfältig alle Belege aufhebst, ganz zu schweigen davon, dass sich für solche Reisen sicherlich interessierte Sponsoren auftun ließen. Eine Weltreise verändert nicht nur dein Leben und formt deine Persönlichkeit, auch deine Positionierung sitzt danach bombenfest, du hast jede Menge Material in petto und kannst aus dem Vollen schöpfen. Also ein einmaliger Aufwand, der auf deine Positionierung, deine Sichtbarkeit, deinen Bekanntheitsgrad und deine Reichweite einzahlen kann – sofern du deine Chancen nutzt.

Maike van den Boom ist zum Beispiel um die Welt geflogen, um nach dem Glück zu suchen. Ich habe sie damals in Bielefeld getroffen. »Ich will Deutschland glücklich machen«, verkündete sie, was an und für sich schon eine großartige Aussage ist. Maike wollte herausfinden, warum manche Menschen glücklich sind und andere weniger. Und so bereiste sie die 13 nach dem Happiness-Index glücklichsten Länder der Welt, um die Menschen dort zu befragen, wie oder warum sie denn so glücklich sind. Darüber schrieb sie ein Buch mit dem Titel *Wo geht's denn hier zum Glück?*, wurde zur Glücks-Expertin und später sogar zur Business-Glücks-Expertin.

Du kannst es dir – aus welchem Grund auch immer – nicht erlauben, monatelang um die Welt zu reisen und Geschichten zu sammeln? Kein Problem, dann starte erst einmal ein Mikroabenteuer in Deutschland, das gut zu deiner Positionierung passt, und nutze das als Ausgangsbasis. Oder du fliegst mal nach New York, meine Lieblingsstadt. Das kann meines Erachtens nie schaden.

Regelmäßiger Ausflug nach New York

Ich fliege jedes Jahr mit unseren Teilnehmern des GOLD-Programms nach New York zu Lee Strasberg. Dort besuchen wir dann drei Tage die Schauspielschule. Die Masterclass findet im Lee Strasberg Institute statt, das nicht nur die begehrteste Schule New Yorks, sondern angeblich die renommierteste Schauspielschule der Welt ist, in der schon Johnny Depp, Anthony Hopkins, Angelina Jolie, Al Pacino, Lady Gaga, Jack Nicholson, Steve McQueen, Jane Fonda, Matt Dillon, Scarlett Johansson, Nastassja Kinski, Hardy Krüger, Franka Potente, Julia Roberts, Mickey Rourke, Uma Thurman, Christoph Waltz, Marilyn Monroe und viele andere ihr Handwerk gelernt haben.

Wer dort als Schüler angenommen wird, kann sich eine große Karriere auf der Bühne oder Leinwand ausrechnen, denn keiner hat bislang mehr Oscar-Preisträger hervorgebracht als Lee Strasberg mit dem weltberühmten »Method Acting«. Das ist eine schauspielerische Methode, bei der die Darsteller tief in ihre Rolle eintauchen und die Emotionen authentisch erleben. Weltweit berühmt wurde dieser Ansatz Anfang der 1950er Jahre mit den ersten Erfolgen Marlon Brandos in *Endstation Sehnsucht* und *Der Wilde*.

Lee Strasberg meinte einmal, die Fantasie, das Unbewusste und das Unterbewusste anzuregen, sei das stärkste Mittel der künstlerischen Arbeit, und er weitete dies weit über das Schauspiel hinaus aus, für alle die natürlich, authentisch und charismatisch wirken wollen, egal in welchen Lebenssituationen.

Allein über diese dreitägige Reise könnte man ein Buch schreiben, weil es enorm viel Input ist – und natürlich ist auch das Drumherum in New York sensationell. Diese Stadt hat in meinen Augen eine Energie und einen Charakter wie keine andere auf dieser Welt. Die Megacity ist das Zuhause von Hunderten Kulturen und dieses Multi-Kulti macht die Stadt unglaublich vielseitig. Für jeden ist etwas dabei. Von arm bis reich, von Schickimicki bis Boho, von No Name bis Promi, von alten Vierteln bis hin zu hyper-hippen Zentren, von stylish über schräg bis skurril! Genau deswegen ist die Stadt so einzigartig, faszinierend und absolut sehenswert. Jeder will, nein, muss einmal dort gewesen sein. Wie sagt man so schön: »New York is always a good idea.« Ich selbst habe viele Bücher, Vorträge und Konzepte in New York in einem Starbucks oder Ähnlichem sitzend verfasst. Diese Weltstadt ist eine lebende Inspiration.

Dir fehlt noch die Inspiration, die zündende Idee? Dann schau dir an, was andere machen, zum Beispiel auf YouTube oder bei TED-Talks. Falls dir das nichts sagt (was ich mir eigentlich kaum vorstellen kann): TED ist eine Non-Profit-Organisation, die sich der Verbreitung von Ideen verschrieben hat. Das findet in der Regel durch Impulsvorträge statt, die nicht länger als 18 Minuten dauern. Mitte der 1980er-Jahre begann TED als Konferenz, bei der der Technologie, Unterhaltung und Design zusammenliefen. Auf der Website kannst du zu nahezu jedem Thema einen TED-Talk finden. Schau doch einfach mal rein! Diese Videos kannst du nutzen, um dir andere Redner und Content-Beispiele anzuschauen, sowohl in deinem eigenen Bereich als auch in völlig fremden Branchen.

Wildes Leben, geile Storys

In einer meiner Veranstaltungen erzählte ich gerade davon, wie einfach es sei, Beispiele zu sammeln, egal ob man dabei um die Welt fliegt oder nicht. Daraufhin rief ein Teilnehmer aus der letzten Reihe: »Mensch Hermann, wenn ich das richtig verstehe, dann brauchst du nur ein wildes, geiles Leben – und wenn du das hast, dann hast du gute Storys und kannst viel berichten.« Das konnte ich definitiv bestätigen.

»Stimmt, genauso ist es! ›Wildes Leben‹ ist eine wunderbare Positionierung«, erwiderte ich.

»Na ja, aber warum gibt es dann so wenige, die das tun?« Bevor ich etwas sagen konnte, gab er sich die Antwort gleich selbst: »Die meisten haben offenbar kein wildes, geiles Leben.«

Da könnte er durchaus Recht haben. Trotzdem gibt es genügend Interessantes und Erzählenswertes, wenn du die Augen und Ohren offenhältst. Dazu musst du kein Draufgänger, Weltenbummler oder Sonstiges sein. Und du musst auch noch nicht alles erlebt und gesehen haben.

Die eigene Heldenreise

An einem meiner Kaminabende erzählte mir ein junger Mann, dass er gerne Experte für finanzielle Freiheit wäre. Ich fand das großartig und fragte ihn, ob er mein GOLD-Programm besuchen wolle.

»Dort bekommen Sie das nötige Rüstzeug, um Ihre Expertise sichtbar zu machen«, sagte ich.

Er erwiderte: »Oh, würde ich sehr gerne, aber das kann ich mir leider nicht leisten.«

Du kannst dir vielleicht vorstellen, dass in diesem Moment viele Fragezeichen in meinem Kopf aufpoppten. Da stand ein Mensch vor mir, der über finanzielle Freiheit sprechen wollte und gleichzeitig ein Musterbeispiel für finanzielle Unfreiheit war. Ich war – gelinde gesagt – verwirrt.

Versteh mich bitte nicht falsch: Ich finde es nicht schlimm, wenn jemand nicht finanziell frei ist, das waren die meisten von uns und viele sind es immer noch. Man sollte nur nicht darüber sprechen, wie es ist, finanziell frei zu sein, wenn man es selbst nicht ist. Doch die Lösung lag auf der Hand: Er durfte natürlich sehr gern darüber reden, wie er versuchte, finanziell frei zu werden. In seinem Fall lautete die Überschrift: »Mein Weg auf der Suche nach finanzieller Freiheit.«

Ja, möglicherweise stehst du noch nicht da, wo du stehen willst. Das macht gar nichts. Das muss absolut kein Problem sein, im Gegenteil – es kann eine Chance sein, sogar eine noch größere Chance, als du es dir im Moment vorstellen kannst. Wenn du noch nicht über bestimmte Dinge sprechen kannst, weil du sie selbst noch nicht erreicht hast, kannst du über deine Transformationen, oder besser: deine Transformationsversuche, mit allen Höhen und Tiefen berichten.

Wenn du noch nicht über bestimmte Dinge sprechen kannst, weil du sie selbst noch nicht erreicht hast, kannst du über deine Transformationen, oder besser: deine Transformationsversuche, mit allen Höhen und Tiefen berichten.

Es sagt ja auch niemand, dass du beispielsweise erst dann über Verkauf sprechen darfst, wenn du Top-Verkäufer bist, oder nur dann über Führung sprechen darfst, wenn du schon einen Konzern mit 100 000 Mitarbeitern geleitet hast. Häufig kann eine Sammlung von Best-Practice-Beispielen das ersetzen, was man selbst noch nicht erreicht oder getan hat.

Gänsehaut ist Trumpf

Ich habe mich schon oft gefragt, warum manche Redner so viel Honorar bekommen. Da sind die Veranstalter für einen 60-minütigen Auftritt locker fünfstellige Summen los – zuzüglich Reisekosten und sonstigen Spesen.

Als meine Honorare als Speaker über die 5 000-Euro-Marke hinausgingen, versuchte ich, mich in Relation zu meinen Vorrednern auf der Bühne zu setzen, um dadurch Anhaltspunkte zu bekommen und zu lernen, warum sich mein Honorar so positiv entwickelte. Damals konnte ich es mir nicht erklären. Ich war regelrecht baff, als mein Honorar die Schwelle von 10 000 Euro pro Vortrag überschritt, während andere Redner vor und nach mir auf derselben Bühne vor demselben Publikum sprachen, die Professoren und Gelehrte waren – also offensichtlich wissender und intelligenter waren als ich –, jedoch oft nur einen Bruchteil verdienten.

Irgendwann wurde mir klar: Wissen wird mit 500 Euro fakturiert, Gänsehaut mit 10 000 Euro. Und ich erkläre dir gerne, warum das meiner Meinung nach so ist. Wissen hat heute fast keinen Wert mehr. Wissen gibt es im Internet jederzeit an jedem Ort auf Abruf – und in den meisten Fällen kostenlos. Ein Gänsehaut-Feeling aber nicht. Das heißt, die Verpackung von Wissen, die Darreichungsform, das Feeling dabei, das ist es, was den Menschen den entscheidenden Mehrwert liefert, für den sie bereit sind zu zahlen. Zum Teil viel mehr.

Wissen wird mit 500 Euro fakturiert, Gänsehaut mit 10 000 Euro.

Das Wissen, das unseren Kindern heutzutage vermittelt wird, ist hilfreich für das System, in dem wir leben, aber nicht für uns, unser Leben, unseren Alltag. Es ist erst gute 100 Jahre her, dass Deutschland ein Kaiserreich war, und unser Schulsystem ist immer noch von dieser Zeit geprägt. Viele mathematische Berechnungen, insbesondere Winkelberechnungen, die auf dem Lehrplan landeten, hatten in Zeiten des Kaiserreichs und rund um den Ersten Weltkrieg nicht zum Ziel, aus den Schülern selbstbestimmte und selbstbewusste Menschen zu machen. Im Gegenteil, man brauchte gehorsame Arbeiter und Soldaten, und die Winkelberechnungen waren damals wichtig, um Einschlagwinkel von verwendeten Bomben- und Granatenwerfern richtig zu berechnen. Yuval Noah Harari bringt es in *21 Lektionen für das 21. Jahrhundert* sehr schön zum Ausdruck:

> »Die industrielle Revolution hat uns die Fließbandtheorie der Bildung beschert. Mitten in der Stadt befindet sich ein großes Betongebäude, das in viele identische Räume aufgeteilt ist, und jeder Raum ist mit einer Reihe von Pulten und Stühlen ausgestattet. Wenn die Glocke ertönt, begeben wir uns zusammen mit dreißig anderen Kindern, die alle im selben Jahr geboren wurden wie wir selbst, in einen dieser Räume. Jede Stunde kommen ein paar Erwachsene herein und beginnen zu reden. Sie werden alle von der Regierung bezahlt. Der eine erzählt etwas über die Gestalt der Erde, ein anderer über die menschliche Vergangenheit und eine Dritte berichtet über den menschlichen Körper.«[49]

Fähigkeiten, die wir wirklich fürs Leben brauchen, stehen nach wie vor zu selten auf dem Lehrplan, etwa kritisches Denken, Kommunikationsfähigkeit, Kollaboration und Kreativität. Damit wären wir am Ende in der Lage, universell anwendbare Lebensfertigkeiten in den Mittelpunkt zu rücken und die Fähigkeit zu entwickeln, mit Veränderungen umzugehen, neue Dinge zu lernen und in unbekannten Situationen auch unser seelisches Gleichgewicht wiederzufinden. Das würde mündige Bürger bedeuten. Doch wer will das schon? Die machen am Ende nur Stress und Ärger. Aber das ist eine andere Diskussion.

Der Funke der Begeisterung

An dieser Stelle möchte ich eine Würdigung an meinen Steuerberater aussprechen, dem ich wirklich dankbar bin für seine Arbeit. Dennoch möchte ich mir nicht einmal ansatzweise vorstellen, wie er sein enormes Fachwissen auf der Bühne zum Besten geben würde. Es wäre mit Sicherheit hochgradig korrekt, denn ich kenne keinen genaueren und pflichtbewussteren

Menschen als ihn, aber es wäre definitiv reine Wissensvermittlung ohne den leisesten Hauch von Gänsehaut. Stundenlang mit wachsender Begeisterung heruntergerattert, wenn es sein muss. Und deswegen – zumindest auf der Bühne – mit anderen Honoraren versehen. Im Klartext: Dafür gibt es weniger Geld.

Wenn er es aber schaffen würde, auf der Bühne zu stehen und den Leuten voller Begeisterung zu vermitteln, warum Steuern sparen so großartig und vor allen Dingen einfach ist und warum man unbedingt etwas in dieser Richtung tun sollte, würde der Funken bestimmt überspringen und die Zuhörer würden den Drang verspüren: »Mensch, gleich wenn ich nach Hause komme, fange ich an, Steuern zu sparen!« Das wäre fachlich gesehen – also aus Sicht anderer Steuerberater – nicht gerade aufregend, aus Sicht eines Laienpublikums ist es hingegen ganz großes Kino.

Damit anzufangen, etwas zu tun, ist meist hilfreicher und motivierender, als lang und breit darüber zu sprechen, dass etwas getan werden muss. Das ist der kleine, aber feine Unterschied.

Reine Kompetenz reicht nicht

Eine kühne Behauptung von mir ist – und ich will sie gerne als ein Teil der Provokation so stehen lassen –, dass Fachwissen das Honorar reduziert. Bei den über 3 000 Vorträgen, die ich gehalten habe, kann ich zumindest für mich einen Trend ablesen: Bei den wenigsten Veranstaltungen war ich der einzige Redner – und es waren so einige Experten ihres jeweiligen Fachs unter den Speakern –, dennoch war ich bei fast allen Veranstaltungen der teuerste Redner.

Wenn ein Unternehmen eine Tagung veranstaltet, gibt es natürlich auch eine ganze Menge von Wissen, das geteilt werden soll. Ich erinnere mich beispielsweise an einen Immobilienverwalter-Kongress, also lauter Menschen und Unternehmen, die eben Immobilien verwalten und die darin befindlichen Mieter betreuen. Da wird viel Fachwissen auf dem Programm stehen: die aktuelle Rechtslage, die Gesetzesentwicklung, spezifische Probleme im Mietrecht und so weiter. Auf solchen Veranstaltungen kommen dementsprechend viele Fachleute, Rechtsanwälte und andere Experten zu Wort.

Fachwissen reduziert das Honorar.

Sie halten ihre Vorträge oft nur ein einziges Mal, weil sie auf die aktuelle Rechtslage eingehen, während sich unter Umständen wenige Monate später ganz neue Situationen oder Herausforderungen herauskristallisiert haben werden. Ihre Vorträge glänzen zudem selten durch Emotion, Charme und Witz, sondern sind selbst für den interessierten Zuhörer im schlimmsten Fall ein Kampf gegen die Müdigkeit. Keine Frage: Dieses Fachwissen ist erforderlich und wir dürfen diesen Menschen danken, dass sie ihr enormes Wissen teilen und damit ein schnelles Update für das Auditorium bieten.

Wenn hingegen ein klassischer Speaker, wie ich es viele Jahre war, gebucht wird, sieht die Sache ganz anders aus. Man spricht zum Beginn der Veranstaltung, um mit Emotion, Motivation und Inspiration einen grandiosen Start des Events zu garantieren. Oder man wird für den Part nach der Mittagspause gebucht, um das drohende Suppenkoma zu lindern oder zu reduzieren. Oder man beendet die Veranstaltung, um einen letzten Höhepunkt zu setzen und das Event mit einem positiven Farewell zu krönen. Egal zu welcher Tageszeit: Ein solcher Redner wird nicht eingesetzt, um Wissen zu vermitteln, sondern um Gänsehaut zu generieren.

Inszenierung schlägt Kompetenz

Ich durfte und darf mit zwei außergewöhnlichen Menschen zusammenarbeiten. Eine Person – wir lassen ihren Namen an dieser Stelle unerwähnt – ist ein großartiger Professor, mehrfach promoviert und zählt für mich zu den klügsten und intelligentesten Köpfen – vielleicht ist er sogar der intelligenteste Kopf –, die ich jemals kennenlernen durfte. Er ist Inhaber eines Lehrstuhls an einer der renommiertesten Universitäten Deutschlands. Eine außergewöhnliche Persönlichkeit, deren Intelligenz und Wissen mich beeindruckt, wie es bisher bei keinem anderen Menschen in meinem gesamten Leben der Fall war.

Neben dem reinen Wissen brauchst du die Fähigkeit, dich selbst und dein Thema zu inszenieren. Das erregt Aufmerksamkeit, erzeugt das nötige Gänsehaut-Feeling und verschafft dir Medienwirksamkeit.

Wann immer man mit ihm im Gespräch ist, ist er in der Lage, gedanklich eine Tür zu öffnen, die es erst einmal zu verstehen gilt. Und wenn man dann endlich glaubt, alles verstanden zu haben und zustimmend nickt, öffnet er am Ende des Flurs dieser Gedankenreise eine weitere Tür, und das Staunen und Grübeln geht weiter. Und die mentale Reise setzt sich fort, bis er die nächste Tür öffnet und die nächste … Meine Hochachtung vor dieser Kompetenz! Ich verbeuge mich vor ihm. Doch wenn er im universitären Rahmen unterwegs sein Wissen verbreitet, wird er sehr häufig mit einem Lohn honoriert, der seiner Leistung, seinem Wissen, seiner Intelligenz, seiner Fähigkeit nicht gerecht wird. Leider!

Der andere Mann, mit dem ich zusammenarbeiten durfte, stellte philosophische Grundgedanken zusammen und brachte sie als Buch heraus, das erst floppte, aber nach mehrfachen Versuchen ein Bestseller wurde. Das Buch heißt *Wer bin ich – und wenn ja, wie viele?*, und der Autor heißt Richard David Precht. Und nicht nur sein Name ist bekannt, er ist auch ein gern gesehener Gast in diversen Talkshows und wird für Vorträge mit Sicherheit nicht mit Peanuts abgespeist.

Die Sache ist die: Neben dem reinen Wissen brauchst du die Fähigkeit, dich selbst und dein Thema zu inszenieren. Das erregt Aufmerksamkeit, erzeugt das nötige Gänsehaut-Feeling und verschafft dir Medienwirksamkeit. Ich formuliere gar nicht, wer von den beiden genannten der Kompetentere ist, da habe ich meinen klaren Favoriten, aber neben der Wissenskompetenz braucht es die Kompetenz, sein Wissen, oder besser gesagt, sich selbst zu inszenieren. Da liegt Zweitgenannter vorne; er bekommt eine Aufmerksamkeit und Medienwirksamkeit, die seinesgleichen sucht. Wissen verständlich vermitteln allein reicht eben nicht aus. Es braucht Inszenierung, provokative Thesen, vielleicht ein passendes Buch, diverse Fernsehauftritte und Interviews, die das Interesse schüren und die Aufmerksamkeit des Publikums immer wieder von Neuem erregen. Die Möglichkeiten, sich, seine Ideen und seine Marke zu inszenieren, sind vielfältig.

Das hat Yuval Noah Harari auf interkontinentaler Ebene geschafft. Nachdem er an der Hebräischen Universität Jerusalem Geschichtswissenschaft studiert hatte, spezialisierte er sich auf die Geschichte des Militärs im Mittelalter. Die Promotion folgte am Jesus College der University of Oxford und Harari erhielt 2002 seinen Doktorgrad. Das Besondere ist, dass er sich mit der Weltgeschichte und mit makrohistorischen Prozessen beschäftigt. Er untersucht die Geschichte von Sozialsystemen entlang der Entwicklungspfade auf der Suche nach Regelmäßigkeiten und Entwicklungsmustern. Er hat bislang drei internationale Bestseller hingelegt, die alle eine eher breite Leserschaft ansprechen: *Eine kurze Geschichte der Menschheit*, *Homo Deus – Eine Geschichte von Morgen* und *21 Lektionen für das 21. Jahrhundert*. Harari gilt als internationaler Ideengeber und Berater von Spitzenpolitikern und diskutierte beim Weltwirtschaftsforum in Davos mit international führenden Wirtschaftsexperten, Politikern, Wissenschaftlern, gesellschaftlichen Akteuren und Journalisten über drängende globale Fragen.

Bekanntheitsgrad schlägt Kompetenz

Die prominente Person wird ihr Angebot schneller, häufiger und teurer verkaufen als die kompetente.

Je prominenter du bist, desto besser wirst du gesehen. Je mehr du wahrgenommen wirst, desto mehr wirst du logischerweise gekauft. Prominenz macht dich in vielen Fällen begehrenswerter und bringt dich eher in die Pole Position.

Stellen wir uns mal vor, bei einem Event wird ein Speaker gesucht. Es gibt eine fachlich überaus kompetente Person und eine prominente Person, die im gleichen Gebiet tätig ist. Beide unterbreiten ein Angebot. Die prominente Person wird ihr Angebot schneller, häufiger und teurer verkaufen als die kompetente.

- Schneller, weil sie insgesamt sichtbarer ist, ihre Performance bekannt ist und sie damit eher einen Vertrauensvorschuss erhält.
- Häufiger, weil sie sichtbarer und damit einem breiteren Publikum bekannt ist als die kompetente Person.
- Teurer, weil Prominenz allein einen höheren Wert hat. Anders ausgedrückt, der Bekanntheitsgrad hebt die Nutzenvermutung. Oder noch deutlicher »Prominenz schlägt Kompetenz«

Du musst aber kein A-Promi sein, um in deinem Feld sichtbar und begehrt zu werden. Je aktiver du bist und dies in diversen Kanälen zeigst, desto eher erzeugst du eine »wiederholte Sichtbarkeit«. Das menschliche Gehirn ist so ausgerichtet, dass es irgendwann, nach genügend Berührungspunkten, deinen Namen abspeichert. Damit bist du eine Marke im Kopf deiner potenziellen Kunden. Dann sagt ihr Gehirn: »Hey, die Marke kenne ich!«, und wenn du nicht gerade mit Skandalen bekannt geworden bist, verknüpft ihr Gehirn das positiv.

Dinge, die wir kennen, sind uns bekannt und bekommen deshalb einen positiv belegten Platz in unserem Gehirn. Wir kennen das doch alle. Unternehmen geben Milliarden für Markenaufbau aus, damit wir eine Tasche, einen Hoodie oder was auch immer kaufen, das mindestens fünfmal so teuer ist wie ein anderes, nur damit auch das Markenlogo groß und sichtbar abgedruckt ist.

Wenn beispielsweise der Inhaber einer Kanzlei, Praxis oder eines Dienstleisters eine Vernissage veranstaltet, einen Tag der offenen Tür macht, in Social Media sichtbar ist, ab und an einen Leserbrief an die regionale Zeitung schreibt oder eine Kolumne hat, Bewertungen auf Proven Expert sammelt, ein Webinar veranstaltet, Werbung schaltet oder einen Anhänger mit Werbeaufdruck prominent parkt, sein Auto mit seinem Logo und Foto brandet, führt all das dazu, Berührungspunkte zu schaffen, was wiederum bewirkt, dass er gesehen und irgendwann wiedererkannt wird. Damit wird er logischerweise bekannter als der Kollege, der nichts davon tut.

Raus aus der Banalitätskrise

Oft scheint es so, als würden andere Menschen das, was wir immer tun, als langweilig, gewöhnlich, durchschnittlich betrachten. Stimmt schon, es ist unser Alltag – und den empfinden wir selbst meist ja schon als wenig aufregend bis hin zu langweilig. Aber unser Alltag kann für viele Menschen etwas ganz Besonderes sein, wir müssen es nur erkennen. Ich nenne dieses Phänomen die »Banalitätskrise«.

Für einen Tierpfleger mag die Pflege von Katzen eine Lappalie sein, erst recht wenn er schon viele Jahre, wenn nicht sogar Jahrzehnte Erfahrung darin hat. Aber für jemanden, der sich eine Katze als neuen Mitbewohner aus dem Tierheim holt, können Impulse dieser Person wertvoll, hilfreich und für das Tier unter Umständen sogar lebensrettend sein. Genauso sieht ein Steuerberater, der tagtäglich die Steuer seiner Mandanten macht, darin keine außergewöhnliche Situation, denn er macht das schon seit ein, zwei oder drei Dekaden. Aber die Frage ist nicht, ob es der Dienstleister banal findet, sondern ob es hilfreich ist für den Kunden.

Ähnlich geht es mir tatsächlich mit dem Thema Positionierung: Das, was ich in diesem Buch schreibe, sind Dinge, die für mich im Grunde genommen banal sind. Sie sind gewöhnlich, weil ich mich mit dem Markt und mit der Positionierung von Menschen nun seit über 30 Jahren beschäftige. Sie sind für mich alltäglich, weil ich sie nun mal fast täglich durchführe. Ich habe 40 der besten 100 Speaker in der DACH-Region beraten, von den Top 500 in Deutschland sind es über 125, und ich habe selbst insgesamt in meinem Leben mindestens 3000 Vorträge, 1000 Beratungen, Tausende Seminare und mindestens 3000 Positionierungen durchgeführt. Das sind große, für manche vielleicht geradezu unrealistisch anmutende Zahlen, aber ich bin ja auch keine 25 mehr. Und sobald ich mit jemandem über Positionierung spreche, feuern meine Neuronen ohne Ende.

Vor Kurzem telefonierte ich mit einem erfolgreichen Handelsvertreter, der sich darum kümmert, dass Einzelhandelsgeschäfte die richtigen Waren zur richtigen Zeit am richtigen Ort haben. Er wollte ins Speaker- und Berater-Business einsteigen, wusste jedoch nicht, womit. Ich konnte ihm viele Ideen mitgeben, um so ein Business erfolgreich aufzubauen.

Unser Alltag kann für viele Menschen etwas ganz Besonderes sein, wir müssen es nur erkennen.

Das wäre für mich schon richtig viel Content und damit auch eine gute Positionierung. Angefangen bei Strategie über den Einzelhandel bis hin zu Motivation im Handel oder Konsumverhalten – es gäbe theoretisch jede Menge Stoff und wahrscheinlich noch tausend andere Aspekte, über die er sprechen könnte. Ich sah diesen großen Strauß an Möglichkeiten und Chancen, die in dieser Person und in seiner aktuellen Tätigkeit steckten. Am Telefon bin ich geradezu in eine euphorische Stimmung gekommen. Gewerbe ist schließlich ein so großes Thema. Viele deutsche Städte haben einen Gewerbeverein oder Gewerbeverband. Dieser besteht in der Regel aus Gewerbetreibenden, die nicht zuletzt aufgrund der Digitalisierung, durch Internethändler und die Corona-Pandemie mehr denn je von diversen Problemen betroffen sind. Eine Betroffenheit, die sich in Hilflosigkeit und manchmal auch Hoffnungslosigkeit zeigt.

Das spiegelt sich auch in den Gewerbeverbänden wider, deren Ratlosigkeit und Einfallslosigkeit groß ist. Denn diejenigen, die als Gewerbebeauftragte agieren, sind meist Menschen, denen Wissen vom Handel, von der Wirtschaft fehlt. Kurzum, die meisten sind unfähig, frischen Wind, Kreativität und vor allen Dingen Umsatz in die Städte zu holen. Das führt nicht nur dazu, dass die Umsatzprognosen immer schlechter werden. Es führt auch dazu, dass die Demotivierung in den Gewerbevereinen und vor allen Dingen bei deren Treffen zunimmt. Aus diesem Grund benötigen sie Redner, die Motivation, Wissen um die Märkte, Chancen und vor allen Dingen Hoffnung verbreiten können.

»Solche Speaker sind sicher gefragt!«, schwärmte ich regelrecht am Telefon. »Noch besser wäre ein Zusammenschluss von mehreren Rednern, die über Digitalisierung, Innenstadtbelebung, alternative Einkommensquellen, Motivation und Zukunft et cetera sprechen könnten. Das wäre ein Multi-Millionen-Projekt, bei dem sie sicher schon im ersten Jahr weit über 100 Vorträge an Land ziehen könnten.«

Doch für meinen Gesprächspartner war das alles nicht greifbar, nicht gut genug, nicht überzeugend. Ich hingegen fand das sensationell, hatte schon längst meinen Taschenrechner in der Hand und berechnete realistisch, seriös und zurückhaltend, dass er im ersten Jahr auf einen Umsatz von mindestens 400 000 Euro kommen und diesen Umsatz in den Folgejahren mehr als verdoppeln könnte. Es mag an meinen früheren Schulden liegen, dass ich immer gleich so viele und konkrete Geschäftsmodelle im Kopf habe. Tatsächlich musste ich damals, als mein Schuldenberg so hoch war, immer Ausschau nach der nächsten potenziellen Einnahmequelle halten. Das hat sich vermutlich so automatisiert, dass ich mittlerweile grundsätzlich die Wette ausspreche, dass ich für jeden Menschen eine zu ihm passende Positionierung mit dahinterstehendem Geschäftsmodell in weniger als 45 Minuten entwickeln kann. Ich habe die Wetter bisher noch nie verloren.

7

Die Sache mit der Qualität

Weniger ist mehr

> *Je mehr ich meine Qualität vernachlässigte, desto besser wurde ich gebucht.*

Mein Glaubensmuster war lange Zeit, dass man immer so viele Fakten, so viel Wissen und Content wie möglich benötigt. Dabei ist es genau andersherum und ich musste meine Qualität – oder das, was ich darunter verstand – drastisch reduzieren: Je mehr ich meine Qualität vernachlässigte, desto besser wurde ich gebucht. Mit »Qualität« ist das gemeint, was der Kunde benötigt oder glaubt zu benötigen. Und das kann etwas anderes sein als das, was du glaubst, was der Kunde benötigt. Die meisten Redner versuchen mehr zu liefern, als ihnen Zeit zur Verfügung steht, und vor allen Dingen mehr, als es die Aufnahmefähigkeit des Publikums erlaubt. So mutieren viele Vorträge zu ausufernden Content-Ansammlungen, die oft die Geduld der Teilnehmer überstrapazieren. Da war ich zu Beginn meiner Karriere nicht anders, das muss ich zugeben.

Am Anfang meiner Speaker-Karriere hatte ich – wie so viele – zu wenig Selbstvertrauen. Ich glaubte stets, mich beweisen und so vieles wissen zu müssen. Genauso war ich auch auf der Bühne. Ich wollte noch einen klugen Spruch raushauen, noch mehr Details zu meinem Thema wissen und davon erzählen. Ich war wie ein langweiliger Universitätsprofessor, der in der zehnten Stunde noch »ganz kurz« die 700 Power-Point-Folien durchgehen wollte. Nein, ich war noch schlimmer: Ich wollte jedem Einzelnen persönlich helfen. Wenn jemand eine Frage hatte, ging ich darauf ein. Wenn einer zu einem noch spezifischeren, individuelleren Thema eine Frage hatte, ging ich darauf individuell und intensiv ein. Ich wollte ein guter Dienstleister sein. Ich wollte es unbedingt richtig machen.

Bei einem heterogenen Publikum ist es essenziell, den kleinsten gemeinsamen Nenner zu finden. Dieser erlaubt nur selten Tiefe, sondern erfordert eher ein Weglassen von Content.

Es hing ein bleierner Schleier der Müdigkeit im Raum, fast schon erdrückend. Während ich gewissenhaft vor mich hin dozierte wie ein Oberlehrer (oder wie meine Kinder so häufig zu mir sagen: ein Oberklugi), kämpfte der Großteil meines Publikums mit dem Schlaf. Oder die Anwesenden wünschten sich inständig die Pause herbei, damit sie endlich einen Kaffee trinken konnten. Oder zwei. Vielleicht würde es auch nicht weiter auffallen, wenn sie danach nicht mehr zurückkämen …? Gedanklich waren die meisten schon längst abgedriftet. Nur wenige folgten mir noch, die Stimmung war nicht nur im Keller, sie war in der Tiefgarage. Urplötzlich meldete sich eine der wenigen noch wachen Personen mit einer spezifischen Frage, die ich eifrig und nach bestem Wissen und Gewissen ausführlich zu beantworten begann.

Damals habe ich nicht realisiert, was da eigentlich passierte. Ich sah mich als Dienstleister, ich wollte, dass die Menschen aus meinen Veranstaltungen etwas mitnahmen. Für den Teilnehmer, der die Frage gestellt hatte, galt das auf alle Fälle, denn er bekam gewissermaßen ein Einzelcoaching von mir. Mein Enthusiasmus ging leider nach hinten los. Was mir nämlich überhaupt nicht gelang, war, einen Transfer herzustellen, sodass auch der Rest des Publikums von der Antwort profitiert hätte. So war dem Fragesteller die Sonderbehandlung, die ich ihm angedeihen ließ, total peinlich, und die restlichen körperlich Anwesenden hatten mittlerweile vollends das Interesse verloren.

Gerade bei einem heterogenen Publikum ist es daher essenziell, den kleinsten gemeinsamen Nenner zu finden. Dieser erlaubt nur selten Tiefe, sondern erfordert eher ein Weglassen von Content.

Viele Redner, vor allem Anfänger, stellen sich gerne folgende Fragen: »Was muss ich alles noch erwähnen? Was gehört da noch rein? Was sollen meine Teilnehmer noch wissen? Was ist mir noch wichtig, meinen Teilnehmern mitzugeben?« Das erinnert mich an meine Zeit im Lebensmittelladen: »Darf es außerdem noch etwas sein?«, »Darf's ein bisschen mehr sein?«, »Wir hätten da noch was Tolles im Angebot«. Nach dem Motto »Viel hilft viel«. Dabei gilt vor allem im Speaker-Business die gegenteilige Devise: »Weniger ist mehr.« Die entscheidende Frage, die du dir stellen musst, lautet also: Was kann alles weg?

Speaker am laufenden Band

Ein Speaker-Slam ist vergleichbar mit einer Firmentagung, die oft über einen oder mehrere Tage geht, an denen diverse Redner auftreten. Bei vielen Veranstaltungen sind es fünf bis

Qualität besteht nicht nur aus Content, sondern auch aus Spaß, Humor, Interaktion, Freude, Abwechslung.

zehn Redner, die jeweils eine knappe Stunde ihr Bestes auf der Bühne geben. Was für eine Schlacht, die da geschlagen werden muss! So ähnlich ist es auch beim Speaker-Slam, allerdings in viel kürzerer Zeit, also gewissermaßen kondensiert. 80 oder mehr Redner geben sich sozusagen das Mikrofon in die Hand und jeder hat weniger als fünf Minuten Zeit, um seine Botschaft rüberzubringen. Da hast du ein Problem, wenn du das Verhältnis zwischen Content und Gänsehaut falsch wählst.

Eine dieser Veranstaltungen strotzte nur so von Content-lastigen Vorträgen. Es war, gelinde gesagt, mühsam und fast unerträglich fad und langweilig, den Speakern zuzuhören. Dann stand eine junge Frau auf der Bühne. Sie sagte zwei, drei Sätze, brachte noch ein, zwei Zitate, bat die Leute aufzustehen, um interaktiv bei einer kleinen Übung mitzumachen, und begann im Anschluss daran zu singen. In diesen Minuten wurde gelacht, gedacht, bewegt, fast schon getanzt und gesungen. Applaus, Applaus, Applaus! Am Ende wurde sie von der Fachjury und vom Publikum zu Recht zur Slam-Gewinnerin gekürt.

Nach der Siegerehrung stand diese Dame vor mir, mit Freudentränen in den Augenwinkeln und einem fragenden Gesichtsausdruck. Sie sagte: »Hermann, ich habe doch gar nix gemacht?! Da war doch gar nichts drin, wirklich nix. Ich bin doch nur ein bisschen herumgehüpft und habe ein bisschen gesungen. Damit kann man doch keinen Slam gewinnen!«

Doch, kann man. Denn Qualität besteht eben nicht nur aus Content, sondern auch aus Spaß, Humor, Interaktion, Freude, Abwechslung. Tatsächlich werden die emotionalen Aspekte, die den Content bereichern und ergänzen, von vielen unterschätzt.

Viele Lacher pro Minute

Nachdem ich nun auf mehreren Kontinenten, in mehreren Ländern, in vielen Hauptstädten Speaker-Slams veranstalten und durchführen durfte, habe ich mir die Frage gestellt: »Wann gewinnt man eigentlich so einen Slam?« Ich habe mir über Jahre hinweg den Spaß gemacht, die Korrelation zwischen Lachen und Erfolg zu untersuchen. Jahrelang habe ich bei den Slams tatsächlich eine Lachstatistik geführt, also einfach die Lacher gezählt, die ein Teilnehmer beim Publikum generierte. Meine Strichliste hat ergeben, dass diejenigen, bei denen es am meisten zu lachen gab, am Ende oftmals den Award des Slam-Gewinners in Händen hielten oder zumindest in der engeren Auswahl waren.

Lachen scheint ein probates Mittel zu sein, um die Herzen der Menschen und Awards zu gewinnen.

Es gab bisher nur wenige Ausnahmen davon, meist bei extremem Storytelling oder bei fürchterlichen Schicksalsschlägen. Mit größtem Respekt erinnere ich mich beispielsweise an Andreas Pott: ein Mann, der mit einer so unglaublichen Würde über multiplen Missbrauch von multiplen Tätern sprach, dass einem das Blut beim Zuhören gefror. Auch er hielt – ohne einen einzigen Lacher – einen Award in Händen.

Davon abgesehen gilt: Die Menschen lachen gerne – auch die Mitglieder einer Fachjury, die sich aus dem Alltagsstress herauslöst, um über 80 Rednern zuzuhören.

Lachen scheint ein probates Mittel zu sein, um die Herzen der Menschen und Awards zu gewinnen. Kein Wunder, Lachen ist etwas so Wunderbares, weil man sich innerlich bewegt, damit meist seinen Körper aktiviert und damit als Zuhörer ein wenig aufgeweckt wird. Das hilft in vielen Lebenslagen, unter anderem auf sonst eher langweiligen Tagungen, bei denen man als Teilnehmer wenig Freude hat.

Vor einigen Jahren wurde ich von meinem Verlag engagiert, um über mein Buch einen Vortrag zu halten. Ich sollte vor 300 Teilnehmern sprechen und wollte natürlich weder mein Publikum noch meinen Verlag enttäuschen. Ich hatte 90 Minuten Zeit und gab alles. Nach der Veranstaltung kam ein Mann auf mich zu und sagte: »106, Gratulation.« Ich war verwirrt, ich verstand nicht, was er meinte, und fragte, was es denn mit 106 auf sich habe. Dann stellte ich fest: Die Idee mit dem Lacher-Zählen hatten offensichtlich auch andere Menschen. Er sagte, er sei Dauergast bei dieser Veranstaltung und habe irgendwann einmal begonnen, die Lacher bei jedem Vortrag zu zählen. Mit 106 Lachern in 90 Minuten kam ich auf mehr als einen Lacher pro Minute. Er sagte, das sei Rekord dieser Veranstaltung.

Mir wurde in diesem Gespräch klar, dass es neben Content auch um Unterhaltung, Entertainment, eben um die Gänsehaut geht, dass Menschen gerne etwas erleben und dass es auch eine Qualität ist, Spaß und Freude zu vermitteln. Es ist nicht die Qualität der Wissenskomprimierung, es ist die Qualität der Wissensdarbietung.

Deine wahren Konkurrenten im Business, vor allem als Speaker, sind Zauberer und Comedians, denn die bringen Staunen, Gänsehaut-Feeling und Lacher en masse, das ist ihr täglich Brot.

Qualität im Kundenkopf

In vielen Fällen beurteilen wir gar nicht die Qualität eines Produkts oder einer Dienstleistung, weil wir diese gar nicht beurteilen können. Sondern wir beurteilen das, von dem wir glauben, dass wir daran eine Qualität festmachen können. Und dies muss nicht mit der wirklichen Qualität korrelieren. Wir nutzen dafür »Qualitätssurrogate«, also sozusagen Qualitätsersatzstoffe.

Nehmen wir einmal an, du musst dich operieren lassen, der Eingriff wird unter Vollnarkose stattfinden. Du wirst wohl kaum in der Lage sein, die echte Qualität der Operation zu beurteilen, obwohl du bei der eigentlichen Leistungs- und damit Qualitätserbringung anwesend bist. Aber blöderweise (oder glücklicherweise) bist du narkotisiert. Und selbst wenn nicht: Chirurgische Eingriffe übersteigen den Erfahrungshorizont der meisten Menschen, also auch deinen, wenn du nicht gerade Arzt bist. Unter Umständen kannst du die Konsequenzen dieser Behandlung beurteilen, wie lange die Heilungszeit voraussichtlich ist, wie lange Schmerzen vorhanden sind, wie lange es braucht, um wieder in den Alltag zurückzufinden, wie lange es braucht, um nicht mehr als »krank« bezeichnet zu werden. All das sind aber Dinge, die nur subjektiv überprüfbar sind.

Wir beurteilen das, von dem wir glauben, dass wir daran eine Qualität festmachen können.

Wenn man sich Bewertungen von Krankenhäusern anschaut, haben diese überwiegend mit der Freundlichkeit des Personals oder mit der Menge, Qualität und dem Geschmack des Essens zu tun. Eine gute Küche und lächelndes Personal kann für eine Klinik – sofern die Qualität der Dienstleistungserbringung nicht unterirdisch ist – mitunter sinnvoller und wirkungsvoller sein, als die tatsächliche Qualität von Operationen und Eingriffen haarklein zu beschreiben.

Insbesondere Marken oder Unternehmen, deren Produkte und Dienstleistungen nicht anfassbar, also intangibel sind, nutzen Qualitätssurrogate. Aus der Intangibilität ergibt sich für Unternehmen logischerweise die Herausforderung, einen nicht direkt greifbaren Kundennutzen zu kommunizieren. Insofern müssen vor allem Marketing und Werbung geeignete tangible Surrogate finden. Denn je weniger fassbar oder greifbar und je weniger unterschiedlich eine Leistung ist, desto stärker werden vom Kunden sekundäre Auswahlkriterien zur Entscheidungsfindung herangezogen. Doch nicht nur bei Dienstleistungen, sondern auch bei Produkten beeinflussen solche sogenannten Schlüsselinformationen die Kaufentscheidung, zum Beispiel:

- Anzahl der Kunden im Ladengeschäft, Gäste in einem Restaurant oder Patienten im Wartezimmer,
- Sauberkeit der Verkaufsräume, der Theke, der Umkleiden oder Kundentoiletten,
- Erscheinungsbild der Mitarbeiter,
- Farbe des Produkts,
- Verständlichkeit des Angebots,
- Freundlichkeit der Mitarbeiter,
- Reaktionszeiten bei Reklamationen,
- Schnelligkeit der Probelieferung oder allgemein die Servicequalität,
- Claim, Logo oder allgemein das Corporate Design des Anbieters,
- Professionalität des Internetauftritts,
- Aussagekraft der angegebenen Referenzen,
- Größe des Unternehmens oder Anzahl der Filialen,
- Netzwerk- oder Verbandszugehörigkeit des Unternehmens,
- Engagement in Bezug auf Umwelt/Klima oder im sozialen Bereich,
- Image oder Glaubwürdigkeit des Unternehmens,
- Gütesiegel oder Auszeichnungen wie ISO-Zertifizierung, TÜV-Zertifizierung, Bio-Kennzeichen, Awards und vieles mehr.

Immer mehr Kunden ziehen auch die Erfahrungen und Bewertungen anderer in Betracht: Welche Prominenten nutzen und loben dieses Produkt/diese Dienstleistung? Mit anderen Worten: Wie trendy oder hip ist das Unternehmen, das Produkt oder die Dienstleistung? Wer aus dem eigenen Freundes-, Verwandten- oder Bekanntenkreis kauft bei dem Unternehmen? Wer kauft dort nicht und warum?

Wenn der Kunde keine signifikanten – oder scheinbar signifikanten – Unterschiede wahrnimmt und keine der oben aufgelisteten Informationen als deutlich positiv bewertet, wird sich der Kunde auf die letzte Möglichkeit konzentrieren, die er hat, um Produkte oder Dienstleistungen zu unterscheiden, nämlich auf den Preisvergleich. Zu viele Unternehmen lassen dem Kunden gar keine andere Chance, als den Preis anzuschauen. Schade eigentlich.

Qualität findet im Kundenkopf statt.

Was lernen wir daraus? Qualität findet im Kundenkopf statt. Diese Erkenntnis kannst du für deinen Weg zur Pole Position nutzen, indem du die Qualität beschreibst, die deine (potenziellen) Kunden als echte Qualität empfinden beziehungsweise woran sie das messbar machen.

Ein Performance-Versprechen

Warum verdienen manche Redner wohl so viel? Nicht nur weil sie interessante und kurzweilige Vorträge halten mit all den Aspekten, die für eine gute Qualität entscheidend sind, sondern weil sie sich den Ruf erarbeitet haben, dass ihre Vorträge gelingen werden. »Gelingen« im Sinne von Gänsehaut, »gelingen« im Sinne von Emotionen, »gelingen« im Sinne von Zufriedenheit oder Begeisterung der Teilnehmer. Der Auftraggeber soll darauf hoffen, nein, er soll sogar darauf vertrauen, denn die Vermeidung von Angst ist ein Kauffaktor.

Stell dir einen Fotografen vor, der für das Fotografieren einer Hochzeit gebucht ist. Der Tag, der der glücklichste Tag im Leben dieser zwei Menschen sein sollte. (Allein das halte ich für eines der größten Dramen der Menschheit: Wenn die Hochzeit der schönste Tag im Leben eines Menschen sein soll, dann würde ich nie heiraten. Wenn ich einen Menschen heirate mit dem Wissen, dass danach nichts Schöneres mehr kommt, dann bleibe ich doch lieber unverheiratet und mache mir mit anderen Menschen viele schöne Tage.) Nach der Hochzeit stellt der Fotograf aber leider fest, dass seine Speicherkarte voll war, seine Kamera irgendeinen Defekt hatte oder was auch immer. Es ist total schiefgegangen. Er kann das Hochzeitspaar kaum auffordern, noch einmal – sozusagen nur für die Fotos – zu heiraten. Genauso wenig können Veranstaltungen und die damit erhoffte Wirkung und verbundene Motivation noch mal durchgeführt werden, bloß weil gerade ein Experte oder ein Redner versagt hat. Es geht um die Garantie des Gelingens, die Fähigkeit, egal unter welchen Umständen zu performen.

Du brauchst einen Vertrauensvorschuss seitens deiner potenziellen Kunden.

Es gibt diese Geschichte, in der jemand seinen Pannen-Pkw in die Werkstatt bringt, der Kfz-Meister einen Hammer holt, einmal auf den Motorblock schlägt und für seine Leistung 200 Euro berechnet.

»Das ist doch Wucher!«, empört sich der Kunde. »Für einen lächerlichen Hammerschlag 200 Euro? Das hätte ich auch selbst gekonnt.«

Worauf der Kfz-Meister gelassen antwortet: »Der Schlag hat auch nur 2 Euro gekostet. Aber zu wissen, wohin man schlagen muss, das ist 198 Euro wert.«

Einen Vortrag von 10 000 Euro könnte man auch fakturieren mit 1000 Euro für den Vortrag und den Rest dafür, dass man diesen Vortrag als Profi unter allen Umständen zum Gewinn für den Veranstalter und die Teilnehmer werden lässt.

Es geht um viel mehr als die reine Erbringung von Qualität oder Leistung. Um neue Kunden zu gewinnen, muss ein Anbieter schon im Vorfeld glaubhaft versichern können, dass es ihm gelingt, die gewünschte Qualität abzuliefern. Das ist die wahre Eintrittskarte in den Markt! Du brauchst dafür einen Vertrauensvorschuss seitens deiner potenziellen Kunden. Sie wollen von dir ein klares Nutzenversprechen, sie wollen, dass du ihre Bedürfnisse erfüllst, sie wollen, dass du ihnen das bietest, was sie brauchen.

Deine Aufgabe ist es daher, deine Fähigkeiten und Fertigkeiten bereits *vor* der eigentlichen Leistungserbringung zu präsentieren und dem Kunden das Gefühl zu vermitteln, dass du der Richtige für den Job bist und dass du es wirklich draufhast. Das heißt, du musst an deiner Wahrnehmung aus Sicht des Kunden feilen. Unterscheidest du dich in deiner Darstellung nicht genug von der Konkurrenz, bietest du also zu wenig signifikante Qualitätssurrogate, kann es gut sein, dass der Kampf um die Kunden in einer Preisschlacht endet, weil das unter dem Strich das einzige herausstechende Kriterium ist. Lass es gar nicht erst so weit kommen!

Du musst an deiner Wahrnehmung aus Sicht des Kunden feilen.

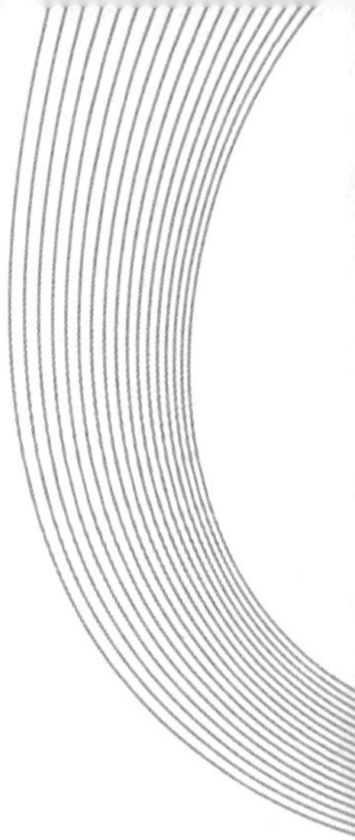

8

Pleiten, Pech und Pannen

Übung macht den Meister

Wie du weißt, hatte ich lange Zeit einen Riesenberg von Schulden, der mir viele schlaflose Nächte bereitete. Ich stand mit dem Rücken zur Wand, ich wusste, ich musste irgendetwas tun. Also fasste ich den Entschluss, Redner zu werden. Allerdings nicht, weil ich mir sicher war, dass ich das besonders gut konnte oder weil ich das unbedingt schon mein ganzes Leben lang hatte werden wollen – der einzige Grund war, dass ich die Hoffnung hatte, damit irgendwie diese Schuldenlast loszuwerden, bevor sie mich noch erdrückte. Doch statt dem erhofften Geldregen gab es erst einmal derbe Niederschläge.

Publikum auf der Flucht

Ich war so unheimlich stolz. Ich durfte zum Start meiner Speaker-Karriere bei einem angesagten Motivationstrainer auftreten. 700 Menschen im Saal, und ich war sozusagen zum

Nachmittags-Café für eine Stunde auf der Bühne. Ich war gewappnet, vorbereitet und ich war – so dachte ich zumindest – wirklich gut.

An diesem Nachmittag durfte ich lernen, dass es ein himmelweiter Unterschied ist, mit einer Gruppe von 20 Leuten ein Training mit Interaktion zu veranstalten oder vor 700 Menschen auf einer Bühne im grellen Scheinwerferlicht stehend und null Kontakt zu den Teilnehmern eine Stunde lang zu performen. Es kam, wie es kommen musste: Es war ein totales Desaster! Und das ist noch eine Untertreibung.

Trotz guter Vorbereitung merkte ich bereits in den ersten Minuten, dass das alles so nicht funktionierte. Dass ich nicht zu mir fand, dass ich nicht zum Publikum fand. Dass ich meine Geschichten, meine Botschaften nicht richtig rüberbringen konnte. Nach gerade einmal zehn Minuten bildeten sich regelrechte Menschentrauben, die Richtung Ausgang strömten. Mehr als die Hälfte des Publikums. Diese Leute wollten offenbar lieber noch einmal eine Pause genießen, als mir weiter zuzuhören. Und der Rest sah auch nicht gerade glücklich aus.

Kannst du dir vorstellen, wie es sich anfühlt, auf einer großen Bühne zu stehen, mit seinem Text und um seine Selbstachtung zu kämpfen, während man beobachtet, wie die Menschen fluchtartig den Raum verlassen? Es ist unbeschreiblich. Dieses Erlebnis hat meinem Selbstvertrauen und meinem Selbstwertgefühl eine ordentliche Delle verpasst und ich habe über ein Jahr gebraucht, um es wieder auszubeulen.

Ich hatte die Erwartungen dieser 700 Teilnehmer definitiv enttäuscht. Ich hoffte inständig, dass sie mich und meinen hochnotpeinlichen Auftritt schnell vergessen und den ansonsten gelungenen Tag positiv im Gedächtnis behalten würden.

Schlaf gut in Malta

Ein Pharmazie-Unternehmen wollte seinen Mitarbeitern etwas Gutes tun und veranstaltete eine Außendiensttagung auf Malta – all inclusive, alles vom Feinsten. Flüge der Mitarbeiter, Hotel, 5-Sterne-Mittagessen. Anstatt das zu würdigen, kamen Beschwerden, denn um rechtzeitig dort zu sein, müsse man früher als gewohnt aufstehen als bei einer Veranstaltung in Frankfurt, München oder Hamburg. So wurden also rund 120 unwillige und unzufriedene Pharma-Referenten nach Malta verfrachtet. Nicht gerade die besten Voraussetzungen für ein gelungenes Training, wie ich schon bald am eigenen Leib erfahren sollte.

Ich kümmerte mich um eine von vier Gruppen mit 30 Teilnehmern. Wir befanden uns in einem Raum, der – das ist in vielen sonnigen Locations so – fensterlos war und damit ohne Tageslicht. Tja, damit musste ich mich nun abfinden und begann ganz normal mit dem Training.

Mittags waren die Teilnehmer groggy, weil sie für die Anreise ja so früh hatten aufstehen müssen, und einige frönten beim Mittagessen dem Alkohol. Die Folge: Um 13.30 Uhr hatte ich eine Gruppe vor mir sitzen, die teils überfressen im Suppenkoma lag und teils reichlich angeschickert war. Also musste ich noch mehr Gas geben – doch in dem Moment machte es *Zosch*! und die Sicherung flog heraus. Die Stromversorgung war wohl auf der ganzen Insel zusammengebrochen. »Kein Problem«, meinte der Hoteldirektor, nachdem ich ihn ausfindig gemacht hatte. »Wir schalten einfach den Notbeleuchtungs-Spot ein – so stehen zumindest Sie im Licht.«

Wie ich mich abgemüht habe, in diesem Scheinwerferkegel Vollgas zu geben, während ich die vagen Umrisse der Teilnehmer sah, die ihren Kopf auf die Tischplatte legten, zum Teil sogar einschliefen. Da stand ich nun in Malta vor Führungskräften und Pharma-Referenten, die selig vor sich hin schnarchten, während ich ihnen etwas über Kommunikation beibringen sollte. Na, herzlichen Glückwunsch!

Elitäre Vereinigung

An einen Vortrag auf einer Sonnenterrasse durfte ich direkt nach dem Dessert vor einer äußerst elitären Runde sprechen. Eine rein männliche Runde, deren Durchschnittsalter nicht nur gefühlt, sondern wahrhaftig mindestens über 70, wenn nicht sogar noch höher war.

Doch das störte mich nicht im Geringsten und so begann ich, motiviert und motivierend zu sprechen – und stellte dann mit Entsetzen fest, dass mein Publikum peu à peu einzuschlafen begann. Ich tat alles, um das zu verhindern, ich wurde noch dynamischer, noch lauter, noch agiler, noch motivierender.

Es half nichts. Alle kämpften mit dem Schlaf. Mein Ehrgeiz war jedoch ungebrochen und ich tat mein Bestes, um die Schlacht gegen die Müdigkeit zu gewinnen. Der Veranstalter sah mein Engagement, nickte mir dann freundlich zu, lächelte und sagte: »Herr Scherer, geben Sie sich keine Mühe. Die Herren haben ihre Hörgeräte doch längst ausgeschaltet.«

So habe ich diesen Vortrag eben für diesen einen Zuhörer gehalten.

Die leere Stadthalle

Diese Pannengeschichte ist im Grunde schnell erzählt: Bei einem meiner Vorträge in einer Stadthalle, die mit 800 Stühlen bestückt war, kamen – kein Witz – nur zwei Besucher. Und das auch nur zufällig. Ein herrlicher Moment, wenn du mit großer Mikrofon- und Soundanlage ganze zwei Teilnehmer beglücken darfst.

Und so kam es zu diesem Desaster: Ich war relativ kurzfristig für die Veranstaltung gebucht worden, weil wohl ein wichtiger Redner ausgefallen war. Also machte ich mich drei Tage später auf den Weg, um zu besagter Stadthalle zu fahren. Genauer gesagt: Wir machten uns auf den Weg, denn bei einer Veranstaltung in dieser Größenordnung reise ich in der Regel mit einem ganzen Trupp an. Außer mir und meinem Fahrer war ein Teambus mit einigen Helfern dabei sowie ein Transporter mit Equipment und meinen Büchern, die ich im Anschluss an die Veranstaltung gerne an die Frau beziehungsweise an den Mann bringen wollte. So war zumindest der Plan.

Nachdem wir eingetroffen waren, ging ich in den Saal und begrüßte die Veranstalter herzlich. Ich war beeindruckt von den 800 Stühlen und fragte nach, wie viele Gäste sie erwarten würden. War die Veranstaltung bereits ausverkauft oder gab es noch Tickets an der Abendkasse? Zu meinem großen Entsetzen meinte der Veranstalter, dass sie das gar nicht wüssten. Sie hätten einfach mal Einladungen verschickt. Es gebe keinerlei Rückmeldungen, weil die Interessenten kein Ticket buchen mussten.

Wie bitte?! Keine Tickets? Keinerlei Zu- oder Absagen? Nichts dergleichen? Ich konnte es kaum fassen und ahnte Schlimmes. Das war für mich das Signal, hinauszugehen und meine Helfer diskret anzuweisen, die Büchertische gar nicht erst aufzubauen und den Bus einfach zu parken.

Bei Veranstaltungsbeginn war tatsächlich kein einziger Gast vor Ort, lediglich die Veranstalter, die gebuchte Moderatorin und die acht Sponsoren, die ganz hilflos an ihren kleinen Ständen im Saal saßen. Ich stellte mir in dem Moment die Frage, ob ich einfach meine Sachen packen und nach Hause fahren oder als professioneller Dienstleister meinen Job durchziehen sollte, selbst wenn außer den Veranstaltern niemand anwesend war. Ich entschied mich für Letzteres und begann mit meinem knapp einstündigen Vortrag. Währenddessen beobachtete ich durch die großen Fenster ein Ehepaar, das an der Halle vorbeispazierte und sich durch die offenen Türen wohl eingeladen fühlte. Die beiden kamen etwas verdutzt und neugierig herein und nahmen in der ansonsten fast menschenleeren Halle Platz.

Geld habe ich übrigens für den Auftritt nie erhalten, denn der Veranstalter meldete kurz darauf Insolvenz an. Irgendwie verwunderte mich das nicht.

Schwindender Rückhalt

Ein Vortrag bei der *Süddeutschen Zeitung* verlief dramatisch. Und das nicht aus meiner subjektiven Sicht, sondern ich performte wirklich richtig, richtig schlecht. Ich war an dem Tag falsch vorbereitet, ich war extrem nervös und redete deswegen auch viel zu schnell. Mir war das auf der Bühne schon irgendwie bewusst: Ich erreichte mein Publikum nicht, kaum jemand hörte mir zu – bei dem rasanten Redefluss konnte mir ohnehin niemand folgen. Nach und nach verließen Gäste dezent den Saal. Ich begann an mir selbst zu zweifeln, kam daraufhin ins Stocken, verlor den Faden. Die Negativspirale drehte sich unbarmherzig weiter. An diesem Abend war ich nicht einfach nur nicht auf der Höhe, ich war grottenschlecht.

Bis zu diesem Tag hatte ich immer Freunde, die zu mir hielten, die aufmunternd waren, die Worte sagten wie: »Du schaffst das!«, »Das wird schon noch!«, »Du kriegst das hin, klar!«. Doch als ich nach diesem Vortrag nachts von München nach Leipzig fuhr und jene Wegbegleiter anrief, die bei meinem Vortrag gewesen waren, um mir Feedback zu holen, meinten viele, dass es vielleicht doch sinnvoller wäre, sich einen anderen Beruf zu suchen. Autsch, das tat weh!

Die Sinnhaftigkeit des Scheiterns

Was ich dir mit diesem kleinen Auszug aus meinen persönlichen Pleiten und Pannen im Berufsleben zeigen will: Ich bin absolut kein Naturtalent. Ich möchte sogar behaupten, es gibt wenige, die sich mehr geplagt und angestrengt haben als ich, um den Weg zu sich zu finden, eine gute Performance hinzulegen und die gewünschte Wirkung beim Publikum zu erzielen. Mir sind vor allem anfangs so viele Pannen passiert und es ist so viele Male etwas unerwartet schiefgelaufen, dass ich Tausende Male hätte aufgeben müssen. Ich hatte aber – zum Glück! – keinen Plan B und machte einfach stur weiter, lernte aus meinen Fehlern und entwickelte mich auf persönlicher und professioneller Ebene weiter. Also behalte den Mut, bleib dran.

Ich bin ein großer Freund von schrittweisen Verbesserungen. Und schrittweises Wachsen sieht auch das Scheitern vor.

Ich bin ein großer Freund von schrittweisen Verbesserungen. Und schrittweises Wachsen sieht auch das Scheitern vor. Stell dir vor, du würdest, wenn du etwas machst, es gleich richtig machen wollen. Das würde nicht funktionieren.

Als Kind hast du ja auch nicht von heute auf morgen laufen gelernt, oder? Nein, es hat lange gedauert, bis du überhaupt den ersten wackeligen Schritt gewagt hast. Vom Liegen über das Umdrehen zum Krabbeln auf allen Vieren war es schon ein enormer Entwicklungsschritt. Dann hast du es geschafft, dich mit Hilfe und schließlich ohne Hilfe aufzurichten und auf zwei Beinen zu stehen. Die Balance halten – ein enormer Kraftakt! Schließlich hast du einen Fuß vor den anderen gesetzt und bist dabei mit Sicherheit das eine oder andere Mal wieder auf deinen weich gepolsterten Hintern geplumpst, bis du deinen Körper und deine Gliedmaßen (halbwegs) unter Kontrolle hattest.

Allein die Vorstellung, ein Kind käme jemals auf die Idee zu sagen: »Wenn ich laufe, dann aber gleich richtig. Ich bleibe so lange liegen, bis ich tatsächlich aufstehen und laufen kann«, ist absurd. So ein Verhalten wäre schlichtweg unvorstellbar. Komischerweise versuchen wir genau das – nämlich absolut perfekt zu starten – in unserem Erwachsenen- und Berufsleben.

The Speed of Scheitern

Schauen wir uns mal das Speaker-Business und die Lernkurve der Protagonisten an. Sie positionieren sich als Coach, Trainer oder Berater mit ihrem Thema und tingeln mit ihrer Botschaft von Bühne zu Bühne, sei es bei Impulsverträgen, Speaker-Slams oder anderen Gelegenheiten. Fakt ist: Wer zum ersten Mal eine Rede hält, macht das nicht wie ein Profi. Wie sollte das auch gehen? Erfahrungsgemäß muss man ein und denselben Vortrag mindestens mehrere Dutzend Mal halten, bis er wirklich sitzt. Bis er so ausgefeilt, so rund, so brillant ist, dass er begeistert. Mit einer selbstkritischen, negativen Betrachtungsweise könnte man bei jedem »nicht perfekten« Auftritt von Scheitern sprechen. Positiv betrachtet ist es immer eine Chance,

Es ergibt also Sinn zu scheitern, und zwar so schnell wie möglich und so häufig wie möglich, damit die Lernkurve umso steiler verläuft.

sich zu verbessern und zu wachsen. Fehler zu machen ist menschlich und normal und für eine sinnvolle Entwicklung sogar förderlich. Ja, bei meinen Speaker-Slams bin ich immer sehr dankbar, wenn die Redner scheitern, denn mit jedem Scheitern wächst die Wahrscheinlichkeit, dass sie immer besser werden. Ich nenne das gerne liebevoll »The Speed of Scheitern«. Es ergibt also Sinn zu scheitern, und zwar so schnell wie möglich und so häufig wie möglich, damit die Lernkurve umso steiler verläuft.

Hinderlich ist nur, wenn aus Fehlschlägen die falschen Rückschlüsse gezogen werden. Wenn ein Vortragsredner scheitert, würde ich es zu über 95 Prozent der fehlenden Übung zuordnen. Daher ist auch klar, was verbessert werden muss: die Performance, die souveräne Darbietung, die Leichtigkeit auf der Bühne, das Gänsehaut-Feeling. Doch oft feilen Anfänger nicht nur an der Darreichung ihres Vortrags, sondern am Inhalt und – was noch viel schlimmer ist – stellen ihre gesamte Positionierung erst infrage und anschließend auf den Kopf. Damit starten sie immer wieder als Anfänger, als Ungeübte auf der Bühne, und das obwohl sie mittlerweile schon Bühnenerfahrung gesammelt haben.

Unterschiedliche Lernkurven

Ich kann mich an einen Teilnehmer erinnern – nennen wir ihn Roland –, der volles Engagement auf der Bühne zeigte und seinen ersten Vortrag beim Speaker-Slam hielt. Er war nicht sonderlich gut. Böse Zungen mögen behaupten, dass er nicht einmal mittelmäßig war. Ach was, er war einfach schlecht. (Kommt übrigens häufig vor und ist gar nicht schlimm.) Natürlich ging er frustriert von der Bühne und fragte sich, was er besser machen könnte.

Rein theoretisch gibt es drei Antwortmöglichkeiten – wenn wir vorerst ausschließen, dass er den Speaker-Beruf direkt an den Nagel hängt und aufgibt:

1. Er muss seine Performance auf der Bühne verbessern.
2. Er muss die Inhalte oder Botschaften verändern und/oder verbessern.
3. Die Gesamtpositionierung passt offenbar nicht und muss noch mal überdacht werden.

Roland hat sich leider von Anfang an für die dritte Option entschieden. Er war überzeugt, dass er sich komplett neu erfinden musste, wählte eine neue Positionierung und stellte sich komplett neu auf. Was für ein enormer Aufwand!

Drei Monate später kam er zum nächsten Speaker-Slam, bei dem er aufgrund seiner mangelnden Performance erneut scheiterte. Er war ein zäher Hund, was ich grundsätzlich jedem Menschen hoch anrechne. Statt aufzugeben, wollte er es ein drittes Mal versuchen. Natürlich wieder mit einer neuen Positionierung und damit für ihn mit ungeübtem, ungetestetem Material.

Du kannst dir vermutlich denken, wie die Geschichte ausging. Genau: Auch sein nächster Auftritt wurde mit einem Scheitern quittiert. Nun war der Frust noch größer und das Glaubensmuster, dass er es eben nicht schaffen könne, weil er einfach nicht gut genug sei, endgültig gefestigt. Er hat letzten Endes seine Speaker-Karriere aufgegeben. Nach drei – zugegeben schrecklichen – Scheiter-Momenten. Doch er hat sich im Grunde sein eigenes Grab geschaufelt.

Das Gegenbeispiel dazu ist Michael von Kunhardt. Er hat eine ähnliche Reise wie Roland hinter sich, hat aber aus seinen Fehlschlägen ganz andere Schlüsse gezogen und ganz andere Entscheidungen getroffen. Auch Michael nahm am Speaker-

Slam teil und performte mittelmäßig – wenn überhaupt. Auch er ging frustriert von der Bühne und auch er meldete sich für einen weiteren Speaker-Slam an.

Doch der Unterschied dieser beiden Auftritte hätte größer kaum sein können. Michael war bei seiner ursprünglichen Positionierung geblieben und hielt im Grunde die gleiche Rede – mit einigen Verbesserungen, mehr Feinheiten et cetera. Vor allen Dingen hatte er aber an seiner Performance als Speaker gearbeitet. Sein Vortrag war immer noch nicht Weltklasse, aber bereits signifikant besser als sein erster Auftritt. Und so ging er zwar immer noch nicht glücklich und zufrieden, aber eben auch nicht unzufrieden und total demotiviert von der Bühne. Er meldete sich wie Roland ein drittes Mal an.

Beim nächsten Speaker-Slam rockte er die Bühne und stand am Ende auf dem Siegertreppchen – und zwar ganz oben! Ich überreichte ihm mit Freuden den goldenen Sieger-Award. Heute ist er nahezu dauerhaft unterwegs, wird von vielen Unternehmen und Konzernen gebucht, weil alle seine Vorträge hören wollen. Er war zwischenzeitlich auch wieder bei einem Speaker-Slam dabei. Doch diesmal nicht auf der Bühne, sondern er saß in der Jury neben mir.

Bleib dran – bis du den Dreh raus hast und Gänsehaut-Feeling erzeugst.

Ich bin felsenfest davon überzeugt, dass sowohl Roland als auch Michael sehr gute Voraussetzungen auf Erfolg hatten. Sie waren hinsichtlich ihrer Kompetenz und ihres Wissens vergleichbar, hatten sich ähnlich erfolgversprechende Themen ausgesucht, waren also breit genug positioniert. Alles in allem war ihre Startposition vergleichbar. Auf dem Weg nach oben schlugen sie aber unterschiedliche Wege ein. Roland entschied sich, immer wieder als Anfänger loszulegen, weil er vielleicht im Innersten nicht von sich und seiner Themenwahl überzeugt war. Ich kann hier nur spekulieren, weil ich nicht mit ihm darüber gesprochen habe. Michael hingegen entschied sich, am Bestehenden festzuhalten, dranzubleiben und sich Stück für Stück zu verbessern. Das hat sich mehr als ausgezahlt!

Ich kann dir nur empfehlen: Bleib dran. Du hast einen schlechten Vortrag gehalten? Schlimm genug, aber Schwamm drüber. Das ist abgehakt. Lerne daraus und halt ihn noch mal. Und er wird besser sein. Wird er schon gut genug sein? Nein, vermutlich nicht. Darum halte ihn nochmal. Und noch einmal – bis du den Dreh raus hast und Gänsehaut-Feeling erzeugst.

9

Die Gewinnerformel für die Pole Position

Fix positioniert und doch dynamisch

Wie gesagt, manche Menschen verbringen Jahre, wenn nicht sogar Jahrzehnte damit, die einzig wahre Positionierung für sich zu finden. Sie geben Unmengen von Geld aus, engagieren unzählige Berater und Coaches, um zum perfekten Ergebnis zu kommen. Ich sage ja gar nicht, dass das total verkehrt wäre, schließlich berate und coache ich selbst Leute in Sachen Positionierung. Ich kritisiere aber durchaus, dass viel zu viele Leute durch ihren Positionierungswahn auf satte Umsätze verzichten, weil sie sich viel zu lange mit diesem einen Aspekt beschäftigen und von Wichtigerem ablenken lassen.

Sie gehen nicht raus auf den Markt, weil sie glauben, noch nicht rausgehen zu können. Doch das Geld, das sie nicht verdienen, ist das Geld, das Schmerzen bereitet. Wenn Menschen zu mir sagen, sie müssten noch mehr über ihre Positionierung nachdenken oder weiter an ihrer Positionierung feilen, weil sie noch nicht so ganz passt, erwidere ich gerne: »Klar, lass dir ruhig noch mehr Zeit. Rechne dir aber pro Tag einen

Tausender schon mal weg als Umsatz- und damit Verdienstausfall. Mindestens.«

So viele Menschen leiden unter dem Irrglauben, dass sie noch nicht so weit sind, weil sie sich noch nicht positioniert, nicht eingeordnet, nicht in die richtige Richtung gebracht haben. Ich kann dieses Leiden nachvollziehen. Es ging mir am Anfang meiner Karriere schließlich ähnlich. Im Nachhinein lache ich darüber und verstehe gar nicht, welche unnötigen Probleme und Sorgen ich mir damals selbst aufgebürdet habe, die in Wirklichkeit gar keine waren. Aber für mich waren sie in der Situation schier überwältigend und für viele andere sind sie gerade jetzt eine Riesenherausforderung. Vielleicht auch für dich in diesem Moment. Das muss aber nicht so sein, glaub mir, ich habe es am eigenen Leib und in meiner beruflichen Laufbahn oft genug erlebt.

Meine felsenfeste Überzeugung ist, dass eine Positionierung nicht wesentlich länger als 30 Minuten brauchen darf. Ich bin hier so unbescheiden, weil es mir bisher immer gelungen ist, mit allen Menschen – selbst mit denjenigen, die oft schon Jahre gesucht und gefeilt haben –, innerhalb kürzester Zeit eine passende Positionierung zu finden, mit der sie einen Schritt näher an der Pole Position waren und schon bald richtig durchstarten konnten.

Damit auch du schneller zu einer passenden Positionierung kommst, gebe ich dir zum Schluss noch die dynamische Gewinnerformel für die Pole Position mit auf den Weg:

(Dein Name + dein Wert + dein Nutzen + deine Botschaften + Veränderbarkeit + Einzigartigkeit – Banalitätskrise – Unzufriedenheit) × Sichtbarkeit

Die Gewinnerformel für die Pole Position ist dynamisch, weil ich davon überzeugt bin, dass die Positionierung sich im Laufe des Lebens ändert, und das ist auch gut so, wenn wir Menschen mittlerweile schon knapp 100 Jahre alt werden können. Wenn du dir heute eine Positionierung zurechtlegst, bin ich relativ sicher, dass sie 10, 20, 30 oder 40 Jahre später nicht mehr stimmt. Weil du dich weiterentwickelt hast, weil sich die Welt weiterentwickelt hat, weil sich deine Interessen verschoben haben, weil sich deine Kompetenzen verändert, verbessert, erweitert haben. Deswegen halte ich es für falsch und irreführend, nach *der einen* Positionierung zu streben, die für die Ewigkeit hält. Ich finde, dass eine Positionierung – das mag ein bisschen verrückt klingen – für sechs Monate halten sollte. Deine Positionierung ist dynamisch. Löse dich am besten von Vornherein von dem Gedanken, dass du sie dauerhaft beibehalten müsstest.

Zum eigenen Namen stehen

Das Einzige, was in deinem Leben wahrscheinlich dauerhaft Bestand hat – und selbst das stimmt zumindest bei vielen Frauen nicht –, ist dein Name. Wie heißt also der erste Teil deiner Positionierung? Ich weiß, das klingt jetzt unendlich banal: Es geht darum, einfach mal zu seinem Namen zu stehen. Erst vor Kurzem fragte mich bei einer Onlineveranstaltung eine Dame, ob sie mit ihrem »normalen« Namen, Dagmar Fischer, rausgehen könne. Klar, warum denn nicht? Helene Fischer heißt auch nur Fischer – und die Frau ist megaerfolgreich. Also, egal ob du Fischer, Meier, Huber, Schulz, Scherer oder sonst wie heißt, dein Name ist logischerweise in Ordnung. Die einzige Frage, die sich bei einem »Allerweltsnamen« stellen könnte, ist, ob es noch die Domains & Co. zu diesem Namen gibt, für die nötige Sichtbarkeit.

In den sozialen Medien fällt mir auf, dass manche Leute ihren Namen nicht oder zumindest kaum erwähnen – und wenn, dann sehr komisch, zum Beispiel indem sie vor den Namen noch einen Artikel setzen, wie »Die Fleischhauer« oder »Der Huber«. Viele versuchen auch, den Namen zu ersetzen durch irgendeine skurrile Beschreibung wie »Lebenspoetin« oder »Lebensphilosoph«. Das hat alles keinen Sinn und keine Relevanz, zumindest solange du damit versuchst, deinen Namen zu verstecken und zu vertuschen. Als Unterzeile, als Zusatz sind solche Spielereien durchaus möglich, aber eben nicht als Hauptbezeichnung. Nenn deinen Namen, steh dazu! Das ist seriös und selbstbewusst zugleich.

Ein essenzieller Teil deiner Positionierung ist dein Name. By the way, du wirst doch auch immer mit Namen angesprochen und nicht mit »Hallo, Herr Verkaufstrainer«, stimmt's? Alles, was du tust, steht mit deinem Namen in Verbindung. Egal ob du Bücher schreibst und dort als Autor in Erscheinung trittst, ob du auf der Bühne stehst und dein Name auf dem Plakat und im Programmheft abgedruckt ist, ob du eine Dienstleistung anbietest oder ein Produkt verkaufst. In deinem Leben, in deiner Vita, egal ob sie nach außen getragen wird oder nicht, wird dein Name immer die Hauptrolle spielen.

Ich finde meinen Vornamen Hermann wahrlich nicht sexy. Noch dazu kommen meine beiden Großväter, also Hermann Paul Josef. Ich hätte mir früher gerne einen anderen Namen gegeben. Mittlerweile möchte ich aber gar nicht mehr darüber nachdenken, ob mein Name nun »richtig« oder »falsch« ist. Das ist für mich pure Energieverschwendung. Ich würde auch nie an meinem Namen herumdoktern. Aber das ist meine persönliche Einstellung. Natürlich gibt es die Möglichkeit, einen Künstlernamen zu wählen oder auch tatsächlich seinen Namen zu ändern. Das bleibt jedem selbst überlassen. Notwendig ist es meiner Ansicht nach nicht. Das ist nicht nur mein pragmatischer Ansatz, den ich dir gerade versucht habe zu vermitteln, sondern auch ein mentaler Ansatz. Denn dein Name ist etwas wert. Wenn es in deinen Augen noch nicht so ist, hat er auf jeden Fall das Potenzial dazu. Denk nur mal an Helene Fischer!

Als ich mich mit einer Bekannten vor vielen Jahren über das Thema Markenkleidung unterhielt, meinte sie entschieden: »Wir kaufen keine Markenklamotten! Wir zahlen doch nichts für einen anderen Namen. Wir bekommen für unseren Namen ja auch nichts bezahlt.« Ich fand diese Aussage geradezu verstörend. Denn mein Vater hatte immer schon zu mir gesagt – und er hat nicht so viel mit mir geredet: »Der Name Scherer ist was wert.« Das war ihm wichtig, als Flüchtling, der im Zweiten Weltkrieg geflohen war und vielleicht viele Gründe gehabt hätte, dem eigenen Namen keinen Wert mehr zurechnen zu wollen. Mein Name steht für mich und ich stehe zu meinem Namen. Er ist ein Versprechen für die Außenwelt. Ob man zum Beispiel sein Wort hält oder nicht. Ich habe schon viele Verluste in meinem Leben eingefahren, weil ich mein Wort gehalten habe.

Ich hatte mal einen Auftrag angenommen, doch bloderweise sollte ich an dem Tag schon einen anderen Vortrag halten. Das war mir irgendwie entfallen. Es schien unmöglich, beide Aufträge gleichzeitig zu realisieren, denn der eine Auftritt war in München und der andere in Berlin. An ein und demselben Tag? Keine Chance, dass das funktioniert! Aber wenn ich einen der Aufträge absagen würde, stünde ich doch als Lügner da, oder zumindest als nicht zuverlässig, nicht vertrauenswürdig: »Der Scherer nimmt Aufträge an, die er gar nicht halten kann.« Das ging für mich gar nicht! Daher ließ ich mir etwas einfallen und mietete – nicht das einzige Mal in meinem Leben – einen Learjet. So schaffte ich es doch noch rechtzeitig von München nach Berlin und beide Auftraggeber waren rundum zufrieden.

Zur damaligen Zeit war die Miete für den Learjet teurer als mein Honorar, aber damit konnte ich leben. Ich war erleichtert, dass ich mein Versprechen auf diese Weise hatte halten können. Mit meiner Arbeit Geld zu verdienen, war mir zwar wichtig, aber es war dennoch das zweite Ansinnen. Das erste Ansinnen war das Markenversprechen, dass Hermann Scherer immer sein Wort hält – und das ist für mich persönlich eines der wichtigsten Markenversprechen, die es gibt.

Mein Name ist etwas wert – dementsprechend habe ich auch mein Logo daraus gemacht. Ganz viele stellen sich ja die Frage, welche Designelemente sie zu ihrem Logo noch brauchen: ein Pluszeichen, eine Brieftaube oder was auch immer. Braucht es meines Erachtens gar nicht. Darum besteht mein Logo einfach nur aus »Hermann Scherer«. Zugegeben, mit der Farbgebung habe ich ein bisschen herumexperimentiert, um Wertigkeit und Verlässlichkeit zu unterstreichen. Am liebsten wollte ich Diamantfarben haben, weil ein Diamant in unserer Wahrnehmung so ziemlich das Wertvollste ist. Das hat aber nicht gut funktioniert mit der Grafik im Internet. Also haben wir uns dann für Gold entschieden und versucht, dieses Gold in einer sehr schönen Farbkombination mit Farbverlauf zu inszenieren. Aber das ist letzten Endes Geschmackssache und du wirst dein passendes Logo finden.

Das bedeutet: Der erste Schritt für deine Positionierung ist dein Name. Mach dir bewusst, dass dieser Name einen Wert hat, den du herausarbeiten sollst. Also, check doch mal, was dein Name allein hergeben und verkörpern kann! Wirf dabei noch mal einen Blick in Kapitel 2, genauer: in die Zweifel-Highlights, denn es kann gut sein, dass dir schon hier dein Kopfkino in die Quere kommt.

Wert und Nutzen zum Ausdruck bringen

Viele Menschen fragen mich: »Aber wie kann ich denn das zum Ausdruck bringen, was meinen Wert ausmacht?« Beschreibe dazu deine Nische, deinen Bereich, dein Tätigkeitsfeld – oder im größeren Rahmen: deine Schublade. Das darf gerne in banalen, oberflächlichen Worten sein.

Denk daran: Lieber breit positioniert sein als zu spitz. Es sind also eher große Schlagworte wie Verkauf, Training, Führung, Persönlichkeitsentwicklung, Leadership, Ernährung. Gesundheit, Fitness et cetera. Hier gilt das Motto: Keep it simple. Gerade wenn du denkst: »Das klingt aber echt zu simpel …« – lass es so! Und lass es eine Zeit lang wirken. Du wirst sehen: Das ist eine ganz wunderbare Sache. Denn die Menschen setzen ihre Intelligenz nicht dazu ein, um zu verstehen, was du meinst, wenn du versuchst, dich besonders clever oder sexy darzustellen.

Der Begriff »Schubladendenken« ist eher negativ behaftet, laut Duden ist es eine »an starren Kategorien orientierte, undifferenzierte, engstirnige Denkweise«[50], aber bei der Positionierung sind Schubladen Gold wert. Wie schon gesagt: Menschen denken nun mal in Kategorien. Das heißt, deine potenziellen Kunden wollen eine Schublade aufmachen, dich reinstecken und die Schublade zumachen. So finden sie dich schnell wieder, wenn sie dich brauchen. Da kannst du jetzt natürlich vehement protestieren und sagen:» Ja, um Gottes Willen, ich will nicht in irgendeine Schublade gesteckt werden!« Aber ohne Schublade keine funktionierende Positionierung.

Wenn du dich leicht in eine Schublade stecken lässt, wenn dein Business so einfach geformt ist, dass es eindeutig in eine der vorgefertigten Schubladen passt, hat das einen enormen Vorteil, der über Erfolg und Misserfolg entscheidet. Wenn dein Gegenüber nicht weiß, in welche Schublade er dich stecken soll, fällst du aus diesem System raus und bleibst unsichtbar, weil du unauffindbar und schnell vergessen bist.

Viele große Größen in meiner Branche haben keine enge, spezifische, »coole« Schublade, sondern eine breite. Das ist ein wunderbarer Weg in die Sichtbarkeit. Er ist, zugegeben, nicht sehr spezifisch und nicht sehr außergewöhnlich. Das ist aber auch nicht das erklärte Ziel. Es geht um nichts anderes als Wiedererkennung und blitzschnelle Zuordnung. Das ist erfolgsentscheidend: »Hey, die macht Persönlichkeitsentwicklung. Alles klar!«, »Aha, der steht für Gesundheit und Fitness«, »Das sind die Leadership-Experten« et cetera.

Menschen sind simpel gestrickt und genauso leicht solltest du zuordenbar sein in eine große, einfache Schublade. Formuliere daher ein passendes Schlagwort für deinen Bereich.

Manchen Leuten fällt das Verschlagworten sehr schwer. Ihnen empfehle ich, stattdessen eine Nutzenbeschreibung zu verwenden. Das heißt, du versuchst zu beschreiben, was die Menschen erreichen können, wenn sie mit dir zusammenarbeiten, deine Produkte nutzen, deine Dienstleistung buchen et cetera. »Ernährung verbessern« beschreibt einen Nutzen oder »Gesünder leben«. Ich finde es aber schöner, das Nutzenversprechen als Zwei- oder Dreiklang zu formulieren, das ist irgendwie harmonischer und stimmiger. Außerdem kannst du dann mehr Aspekte unterbringen, bleibst aber immer noch breit genug. Das funktioniert natürlich auch ergänzend zu deinem Schlagwort, wenn du bereits eines für dich festgelegt hast. Zum Beispiel »Gesünder leben, Leistungsfähigkeit steigern«, das wäre der erweiterte Nutzen, den wir aus einem gesünderen Lebensstil ziehen.

Ich betreute einmal eine Dame, die sich mit Körpersprache befasste. Das war ihre Schublade. Wir kombinierten also ihren Namen mit Körpersprache und gaben den Dreiklang »Wirkung. Immer. Überall.« dazu.

Was ist dein Einklang, Zweiklang oder Dreiklang? Was ist es, was du für deine Kunden, für deine Teilnehmer, für deine Mitmenschen generierst? Oder du formulierst einen Claim, wie Edekas »Wir lieben Lebensmittel«. Dann ist dieser Claim gesetzt und im Claim wird mit dem Wort »Lebensmittel« noch mal betont, worum es geht.

Aussagekräftige Botschaften kreieren

Ein weiterer Bestandteil der Gewinnerformel ist, dass du stimmige Botschaften für dein Business formulierst. So hat zum Beispiel Lisa Reinheimer, eine meiner Goldies, gesagt: »Dein Kind wird Klassenheld«, weil sie sich mit ihrem Angebot mehr an den Eltern orientiert. Ich gebe dir noch ein paar Beispiele: »Lebe dein Leben« oder »Gib deinem Leben einen Sinn«. Ein Kollege hat es mal so schön gesagt mit: »Dem Leben eine neue Richtung geben«. Oder im Gesundheitsbereich: »So wirst du fitter und agiler«, »Den inneren Schweinehund zähmen«.

All das sind Botschaften. Es sind oftmals die Dinge, die du in vielen Situationen ohnehin schon mal mehr, mal weniger offensichtlich kommunizierst. Diese Botschaften sollen deine Positionierung unterstützen. Am besten sind sie wie heiße Herdplatten (siehe Kapitel 5), sodass sie dir die nötige Aufmerksamkeit – und damit Sichtbarkeit – verschaffen.

Das Tolle daran ist, dass du deine Botschaften oft beibehalten kannst, selbst wenn sich die Überschrift, also dein Schlagwort, über die Zeit etwas verändert. Denk an das Beispiel aus Kapitel 3 von Markus und seinem vermeintlichen Positionierungsproblem. Zuerst war sein Schlagwort »Selbstwirksamkeit«, dann änderte er es in »Exzellenz«. Er hätte es auch »Persönlichkeitsentwicklung« nennen können oder »Abenteuer Leben«.

Bevor du also an deiner Botschaft zweifelst, weil sie scheinbar nicht mehr zu deiner Positionierung passt, und du mit dem Gedanken spielst, alles komplett über den Haufen zu werfen und noch mal ganz von vorne zu beginnen, nimm dir einen Moment Zeit und schau dir dein aktuell gewähltes Schlagwort an: Könnte es sein, dass du mit deiner Botschaft auch zu einem anderen, in deinen Augen mittlerweile passenderen Schlagwort passt? Dann ändere das Schlagwort, nicht die Botschaft!

Alles ist veränderbar

Ich habe es immer gehasst, durch eine starre Positionierung in eine schematische Richtung eingebunden zu sein, weil es mir damit verboten gewesen wäre, andere Dinge zu sagen, die nicht dazu passen. Deswegen habe ich immer gern Positionierungen gewählt, die ubiquitär, also allumfassend waren. Man merkt schon an dem Begriff »gewählt«, dass ich nicht nur eine Positionierung in meinem Leben hatte, sondern schon ganz viele. Oder anders ausgedrückt: einen Titel, eine Überschrift, ein Schlagwort. Einen Begriff, der schön war, aber der auch so breit war, dass ich alles Mögliche mit hineinpacken konnte.

Einer meiner Lieblingsvorträge, mit dem ich über ein Jahrzehnt unterwegs war und viele Millionen Umsatz gemacht habe, lautete »Spielregeln für die Pole Position (in den Märkten) von morgen«. Das Thema war herrlich, weil es zum einen unternehmerisch spannend war, aber auch für jeden persönlich interessant. Spielregeln für die Pole Position in den Märkten wollte jedes Unternehmen, aber auch jeder einzelne Akteur kennen. Und ich hatte dennoch die Freiheit, all das zu erzählen, was ich den Leuten erzählen wollte. All das, von dem ich glaubte, dass es sinnvoll wäre, um die Pole Position in den Märkten von morgen zu erreichen.

Wenn du ein Buch kaufst, dann hat es einen Titel, wahrscheinlich mit circa fünf Worten auf dem Cover. Das komplette Buch hat 50 000 Worte oder sogar noch viel mehr. Es ist doch vollkommen logisch, dass man nicht alles, was im Inhalt vorkommt, tatsächlich in den Titel packen kann. Das wäre ja auch Blödsinn, denn sonst müsste niemand mehr das Buch lesen. Es wäre schon alles gesagt.

Titel, Überschriften und Schlagworte sind immer unvollständig und verkürzt. Sieh das nicht als Nachteil, sondern nutze die Freiheit, die in der Unvollständigkeit steckt. Je spitzer und spitzer und spitzer du in der Positionierung wirst, umso weniger bleibt am Schluss logischerweise übrig. Viele machen sich das Leben und ihr Business zu kompliziert, indem sie die Dinge zu genau beschreiben wollen. Denk noch mal an den Fotografen, der ausschließlich trächtige rothaarige Katzen ablichtet (siehe Kapitel 2). Also, mach es von vornherein anders. Verbau dir nicht selbst den Weg zu Pole Position, es wird noch genügend andere Herausforderungen geben, denen du dich stellen darfst.

Allzu häufig sind wir sehr unzufrieden, weil wir glauben, das könne doch gar nicht ausreichen oder das sei noch nicht perfekt genug. Mein Lieblingsspruch dazu, der mich sehr geprägt hat, lautet: »Die größte Perfektion liegt darin, mit der eigenen Imperfektion zurechtzukommen.« Das gilt natürlich auch für die Positionierung. Freunde dich schnell damit an, dass deine Personal Selling Proposition niemals perfekt und niemals fertig ist, weil sie es schlichtweg nicht sein kann. Geh mit deiner aktuellen Positionierung auf den Markt, halte dein Nutzenversprechen und verdiene damit Geld. Und wenn du nach einiger Zeit etwas verändern willst oder musst, dann tu das!

Einzigartigkeit ist Trumpf

Wie schon gesagt, einen wirklichen USP herauszuarbeiten, ist ein nahezu unmögliches Unterfangen. Ein einzigartiges Merkmal gibt es in der Regel nicht, denn in den meisten Fällen ist das Thema nicht einzigartig. Ich sage immer: Das, was wir erzählen, hat vielleicht schon Aristoteles oder Seneca erzählt. So viel Neues haben wir uns noch gar nicht einfallen lassen. Das Neue, das Einzigartige, ist nicht der USP. Es ist der PSP, die Personal Selling Proposition. Will heißen: Du bist *immer* einzigartig. Selbst wenn du etwas über Motivation erzählst wie ich oder andere Speaker, du wirst es anders erzählen als ich und jede andere Person auf dieser Welt, weil du ein anderer Mensch bist als ich und jede andere Person, und damit eine andere Biografie hast.

Deine Biografie ist deine große Chance. Du kannst Geschichten aus deinem Leben erzählen, die nicht vergleichbar sind mit anderen Menschen, die eben ihre Geschichten aus ihrem Erfahrungsschatz mit anderen teilen. Du hast einen einzigartigen Blickwinkel auf die Welt, es ist deine Perspektive. Deswegen lautet die simple Regel: Bleib bei dem, was du zu sagen hast und was du sagen willst.

Nichts ist zu banal

Viele Menschen haben Angst davor, nicht kompetent genug zu wirken, sie wollen lieber noch mehr Erfahrung und Wissen anhäufen, was sie letztlich ausbremst. Ich hatte es schon erwähnt: Fachwissen reduziert das Honorar oder den Preis, denn Expertenwissen gibt es zuhauf im Internet – man muss nur ein bisschen recherchieren. Was die Leute wirklich kaufen wollen, ist kein Fachwissen, sondern Inspiration, vor allem bei einem Vortragsredner. Wenn du mit deinem Thema Gänsehaut generieren kannst, darf das Ganze auch gerne etwas »oberflächlicher« ausfallen, das bedeutet nämlich, dass es für alle verständlich ist.

Es ist total normal, wenn du das, was du tust, als banal empfindest, weil es für dich logischerweise auch total banal ist. Du kennst dich schließlich in deinem Bereich bestens aus. Das ist es, was ich mit Banalitätskrise meine (siehe Kapitel 6). Aber die Frage, ob die Dinge für dich banal sind, stellt sich doch gar nicht. Entscheidend ist die Frage, ob es für dein Publikum banal ist – und das wage ich zu bezweifeln.

All die Dinge, die ich den Leuten über Positionierung erzähle und auch in diesem Buch niedergeschrieben habe, sind für mich ziemlich banal. Ich beschäftige mich schließlich seit über 30 Jahren mit diesem Thema. Doch was für mich banal ist, kann ja logischerweise für jemand anderen, der sich nicht drei Jahrzehnte damit auseinandergesetzt hat, nicht banal sein. Die entscheidenden Fragen sind also vielmehr: Bin ich in der Lage, mein Wissen und meine Erfahrungen einem Laienpublikum verständlich zu vermitteln? Bin ich in der Lage, einem Menschen den einen oder anderen Tipp zu geben, sodass diese Person bei ihrem Vorhaben vorankommt?

Für meinen Steuerberater sind alle Fragen, die ich ihm stelle, alltäglich. Das, was er für mich tut, macht er für unzählige Mandanten genauso und beantwortet vermutlich dieselben Fragen unvorstellbar oft, auch wenn sie für ihn total banal sind – weil er weiß, dass sie es für mich als Steuerlaie, der allein bei dem Wort »Steuererklärung« Schnappatmung bekommt, eben nicht sind. Das Gleiche gilt für andere Nicht-Steuerexperten, die bei ihm in der Kanzlei sitzen oder anrufen.

Bei diesem Gedankenexperiment kannst du im Grunde jeden x-beliebigen Beruf einsetzen. Spiel es mal an ein paar Fällen in deinem Familien-, Freundes- und Bekanntenkreis durch. Oder nimm deine persönlichen Vorbilder. Findest du das, was sie tun, banal oder eher beeindruckend? Was können sie dir vermitteln? Welche ihrer Storys waren für dich vielleicht sogar wegweisend?

Wichtig ist, dass du dann noch einen Schritt weitergehst und dich fragst: Was hältst du bei deinem Business oder deinem Vorhaben für banal? Stell diese vermeintliche Banalität auf den Prüfstand: Ist das, was du weißt, was du kannst, was du machst, für andere, also deine potenziellen Kunden, wirklich banal? Ich traue mich zu wetten, dass es nicht so ist. Was kannst du anderen vermitteln? Was kannst du ihnen mit auf den Weg geben? Wie kannst du andere unterstützen, ihnen helfen? Wenn du wirklich etwas total Kompliziertes machst, lautet die Challenge logischerweise: Mach es verständlicher, mach es oberflächlicher, mach es breiter. Achte in jedem Fall darauf, die Menschen dort abzuholen, wo sie gerade stehen, und dein Business als Lösung für ihre Probleme und Sorgen anzubieten.

Der Umgang mit der eigenen Unzufriedenheit

Deine Aufgabe ist es, eine Positionierung für dich zu finden. Nutze dazu gerne den Positionierungs-Check aus Kapitel 3. Es kann sein, dass jetzt direkt deine Zweifel wieder das Ruder übernehmen wollen und du denkst: »Mein Gott, kann ich das schon? Bin ich denn schon so weit?« Ganz unter uns: Ja, du kannst und du bist so weit. Schon längst.

Machen wir eine kleine Challenge daraus – und ich meine das jetzt sehr, sehr ernst, aber auch liebevoll. Lass mich daher ein bisschen Druck aufbauen: Stell dir jetzt sofort einen Timer auf 30 Minuten und finde deine Positionierung. Kein Witz!

Ich bin mir ziemlich sicher, dass du mit dem, was in dieser halben Stunde für dich herausgekommen ist, nicht hundertprozentig zufrieden bist. Es fühlt sich unvollständig an, da fehlt irgendetwas. Es ist dir vielleicht nicht sexy, cool oder clever genug. Es ist dir zu breit. Es ist dir zu simpel. Es ist dir zu banal. Du wirst wahrscheinlich jetzt ein ganzes Echo an Stimmen, besser gesagt an Missstimmungen in deinem Kopf hören. Warum das, was du vorhast zu tun, oder wie deine Positionierung lauten könnte, gar nicht funktionieren kann. Oder eben nicht cool ist. Nicht sexy. Und so weiter.

Und jetzt kommt das Verrückte: Tu es trotzdem. Ich wiederhole: Tu es trotzdem! Warum? Weil deine Positionierung dynamisch ist. Du kannst sie irgendwann ändern, aber nicht heute und nicht morgen. Genauer: sechs Monate lang nicht.

Du hast dich positioniert – mit deinem Vornamen und Nachnamen. Unter deinem Namen steht jetzt schon etwas. Das ist der Bereich, in dem du derzeit tätig bist, die Schublade oder dein Nutzenversprechen. Dazu hast du ein paar aussagekräftige Botschaften kreiert, die deine Positionierung stützen. Das ist schon eine Menge! Lass diese Dinge einfach mal für sechs Monate so stehen, geh raus auf den Markt und schau, was passiert. Das ist der Schlüssel zum Erfolg.

Ich weiß es aus langjähriger Erfahrung: Die meisten Menschen haben gar kein Positionierungsproblem, sie haben ein Sichtbarkeitsproblem. Was aber tun sie? Sie arbeiten Wochen, Monate, Jahre, ja manchmal sogar ein Leben lang an ihrer Positionierung, anstatt mit irgendeiner Positionierung an ihrer Sichtbarkeit zu arbeiten und sich weiterzuentwickeln. Deswegen ist meine dringende Bitte an dich – auch wenn du mich dafür zunächst womöglich hassen wirst: Leg dich hier und heute fest und kümmere dich in den nächsten sechs Monaten einzig und allein um deine Sichtbarkeit mit dem Thema, das du gewählt hast. Im Idealfall ist es natürlich dein Herzensthema (siehe Kapitel 3).

Nach dem ersten Halbjahr (und wirklich nicht früher!) kannst du dann überlegen, ob du deine Überschrift, deinen

Claim, deine Bezeichnung ein bisschen verändern, ein bisschen verschönern, leicht modellieren willst. Aber dann bist du schon *on the run*, du bist gestartet – so weit vorne im Feld wie möglich, bestenfalls aus der Pole Position. Das ist erfolgsentscheidend!

Ich treffe so viele Menschen Jahre später, die immer noch an ihrer Positionierung feilen. Das sind die Menschen, die mit der Feile in der Hand sterben. Leider. Darum fokussiere dich darauf, dass du mit dem, was du jetzt gerade hast und wo du jetzt gerade stehst, genau das auf die Straße bringst und dich sichtbar machst. Denn ab sofort hast du kein Positionierungsproblem mehr. Jetzt hast du »nur noch« ein Sichtbarkeitsproblem. Und das ist ebenfalls lösbar.

Sichtbarkeit als Multiplikator

Deine Positionierung ist nur dann etwas wert, wenn du damit auch sichtbar wirst. Denn wenn niemand dich und dein Angebot kennt, wirst du damit logischerweise kein Geld verdienen. Sichtbarkeit ist der Multiplikator in der Gewinnerformel, der dir und deinem Business den entscheidenden Push gibt.

Mehr Sichtbarkeit erreichst du zum einen über deinen Content, also deine Thesen und Botschaften. Stichwort: heiße Herdplatten! Zum anderen unterstützt du deinen Bekanntheitsgrad und deine Reichweite, indem du regelmäßig auf deinen Bühnen in Erscheinung trittst, dich also immer wieder in Erinnerung rufst. Je mehr Berührungspunkte du schaffst, desto besser. Das schließt eine gewisse Redundanz ein, das heißt, du wiederholst deine Botschaften häufig genug, dass sie sich ins Gedächtnis deiner potenziellen Kunden einprägen. Denk immer daran: Bekanntheitsgrad schlägt Kompetenz. Um deine Sichtbarkeit weiter zu erhöhen, nutze auch den 10-Stufen-Plan aus Kapitel 5 als Anhaltspunkt.

Das Pole-Position-Worksheet

Einige wichtige Entscheidungen hast du mittlerweile schon getroffen – Gratulation! Du bist also auf dem besten Weg, dich und dein Business in die Pole Position zu bringen und so Marktpräsenz (sprich: Sichtbarkeit) zu erlangen, was wiederum zu steigenden Umsätzen führen wird. Und auch wenn ich eigentlich ungern mit Fragebögen, Checklisten und Ähnlichem arbeite, habe ich mittlerweile verstanden, dass es manchen Leuten bei der Umsetzung hilft, wenn sie ihre Gedanken niederschreiben. Wenn das bei dir so ist, nutze gerne dieses Worksheet dafür. Ich habe die relevanten Aspekte auf dem Weg zur Pole Position darin zusammengefasst.

Nimm dir etwas Zeit und arbeite die Fragen durch, mach dir Notizen. Aber ich bitte dich inständig: Verweile nicht zu lange in deiner Gedankenwelt beim reinen Kopfkino. Setz dir eine klare Deadline und dann komm ins Handeln und geh raus auf den Markt. Denn die durchdachteste Positionierung auf dem Papier hat keinen Nutzen und damit auch keinen Wert.

Dein Name

- Was gibt dein Name her?
- Welchen Wert verkörpert er für dich?
- Was ist dein Markenversprechen?

Deine Story

- *Been there, done that* – deine Biografie ist deine Basis für die Pole Position in deinem Bereich. Schau dir an, wo du schon gewesen bist, was du erlebt und erfahren hast, was du weißt und womit du dich auskennst.

Deine Milestones und Mindstones

- Was sind deine drei wichtigsten Milestones?
- Was sind deine drei wichtigsten Mindstones?
- Welche Geschichten kannst du darauf aufbauend erzählen und mit deinem Thema und deinem Business verknüpfen?

Dein Herzensanliegen

- Wofür bist du angetreten? Was willst du wirklich, was wäre dein größter Wunsch? Was treibt dich im Innersten an? Wofür stehst du? Was ist die Story, die du dir über dich erzählen willst?
- Du kannst dazu auch gerne die Erlebnismeditation aus Kapitel 3 nutzen.

Dein Profil

- Wie würdest du dich selbst beschreiben? Was macht dein Profil aus?
- Leite daraus einen passenden Claim, einen Dreiklang oder Ähnliches ab.
- Wie könnte der Titel deines Vortrags lauten oder der Name deiner Dienstleistung oder deines Produkts?

Deine Schublade oder dein Mantel

- Mit welchen Verfahren/Techniken, Ausbildungen, Werkzeugen arbeitest du?
- Mit oder unter welchem Oberbegriff (Mantel) kann man all das, was du tust oder bewirkst, zusammenfassen?
- In welche Schublade passt du am besten, sodass dich deine potenziellen Kunden finden und sich an dich erinnern?

Dein Nutzenversprechen

- Frage nicht, was der Markt benötigt. Frage, was du dem Markt geben kannst.
- Welchen Nutzen generiert dein Business/dein Angebot/ dein Produkt/deine Dienstleistung?
- Was ist dein Einklang, Zweiklang oder Dreiklang? Was ist es, was du für deine Kunden, für deine Teilnehmer, für deine Mitmenschen generierst?
- Wie lautet dein Claim?

Deine potenziellen Kunden

- In welcher Situation befinden sich deine potenziellen Kunden? Wie gestaltet sich ihre Ist-Situation?
- Mit welchen Problemen/Herausforderungen haben sie zu kämpfen? Welche Sorgen und Nöte haben sie? Und was wäre dementsprechend eine wünschenswerte Soll-Situation? Was wünschen sie sich?
- Welche negativen Folgen könnten entstehen, wenn sie diese Probleme /Herausforderungen nicht lösen? Anders ausgedrückt:
- Welche persönliche Relevanz (»Schaden«) entsteht dadurch?
- Welche betriebswirtschaftliche Relevanz (»Schaden«) entsteht dadurch?
- Welche volkswirtschaftliche/gesellschaftliche Relevanz (»Schaden«) entsteht dadurch?
- Welche Studien gibt es zu obigen Punkten?
- Welche positiven Folgen sind zu erwarten, wenn diese Probleme/Herausforderungen gelöst sind? Anders ausgedrückt:
- Welche persönliche Relevanz (»Nutzen«) entsteht dadurch?

- Welche betriebswirtschaftliche Relevanz (»Nutzen«) entsteht dadurch?
- Welche volkswirtschaftliche/gesellschaftliche Relevanz (»Nutzen«) entsteht dadurch?
- Welche Studien gibt es zu obigen Punkten?

Dein Content

- Welche Geschichten hast du schon auf Lager?
- Wie kannst du zu neuem Content kommen, der auf deine Positionierung einzahlt?
- Womit kannst du ein Gänsehaut-Feeling erzeugen?
- Was macht deinen Content einzigartig und bemerkenswert, sodass er Aufmerksamkeit erregt?

Deine Thesen und Botschaften

- Wie lauten deine Thesen?
- Mit welchen Botschaften wirst du die Welt verändern?
- Womit kannst du Aufmerksamkeit erreichen? Nutze die 7 Wege zur heißen Herdplatte bei der Formulierung unterschiedlicher Botschaften und Thesen zu deinem (Herzens-)Thema: Nutzen, Not, Neugier, Neuheit, Nötigung, Non-Mainstream, Narben.

Deine Bühnen

- Über welche Kanäle kannst du am besten sichtbar werden?
- Wo erreichst du deine potenziellen Kunden am ehesten?
- In welchem Rahmen kannst du dich am besten in Szene setzen?
- Wo fühlst du dich am wohlsten?

Nichts ist jemals fertig

Ich habe mittlerweile um die 60 Bücher geschrieben, und – ob du es glaubst oder nicht – ich war mit fast allen Buchtiteln nicht zufrieden. Dennoch habe ich (beziehungsweise hat der Verlag) sie veröffentlicht. Warum? Weil ich ein Freund von Zeitbegrenzungen bin. Hätte ich gewartet, bis ich *den* perfekten Buchtitel gefunden hätte, glaube ich, dass ich immer noch suchen würde.

Als ich das Buch *Glückskinder* geschrieben habe, hätte das ganz anders laufen sollen. Mein Lieblingstitel wäre gewesen: *Es gibt ein Leben vor dem Tod*. Doch dummerweise hatte ein Musiker sich die Rechte an eben diesem Titel sichern lassen und auch mit viel Geld war es uns nicht möglich, ihn zu bekommen. Also schlug mein Verlag vor, das Buch solle *Glückskinder* heißen. Ich fand das damals schrecklich, weil ich mit Glück gar nicht so viel zu tun hatte und ein Kind war ich auch längst nicht mehr. Doch mir waren letztlich die Hände gebunden. Falls du es nicht weißt: Als Autor hat man in der Regel keinen großen Einfluss auf Cover und Titel, das ist eben der Job des Verlags. Ich konnte leider keine bessere Idee vorschlagen – oder zumindest keine, die dem Verlag gefallen hätte. Also erschien mein Buch mit diesem Titel und es ist mit über 300 000 Exemplaren mein bisher meistverkauftes Werk. Auf der *Spiegel*-Bestsellerliste war ich ebenfalls damit. Ich muss zugeben: Das wäre höchstwahrscheinlich mit einem anderen Titel nicht so gekommen.

Auch die Inhalte meiner Bücher sind nie fertig, wenn man es genau nimmt. Heute Abend muss ich zum Beispiel das Manuskript für dieses Buch abgeben, das du gerade in den Händen hältst. Die gefürchtete Deadline rückt näher und näher. Es gibt immer noch ein paar Dinge, die ich gerne verändern will, dazu habe ich theoretisch und praktisch den ganzen Nachmittag Zeit – aber ich weiß im Grunde jetzt schon, dass ich heute, sehr spät am Abend, immer noch etwas entdecken werde, das ich eigentlich zusätzlich einbauen, verbessern, umformulieren oder gar ersetzen wollen würde. Selbst wenn ich mir eine zusätzliche Woche oder einen weiteren Monat oder gar ein ganzes Jahr mehr Zeit nehmen würde, verspreche ich dir: Mir würde am Ende noch etwas einfallen, was man noch besser machen könnte.

Es gibt nichts, was wirklich jemals »fertig« ist – das gilt für Produkte wie ein Buch ebenso wie für eine Positionierung.

Ich kann mich an kein einziges Buch, an keinen einzigen Vortrag, an keinen einzigen Claim erinnern, von dem ich wirklich überzeugt war. Aber die Sache ist die: Hätte ich so lange daran herumgefeilt, bis ich hundertprozentig davon überzeugt gewesen wäre – ein Zustand, der sicherlich niemals eingetreten wäre –, hätte ich bis heute weder ein Buch noch einen Vortrag noch sonst irgendetwas in diese Welt gebracht.

Mir ist über die Jahre bewusst geworden: Es gibt nichts, was wirklich jemals »fertig« ist – das gilt für Produkte wie ein Buch ebenso wie für eine Positionierung. Denn man findet immer

Verbesserungspotenzial, das Leben oder der Markt verändern sich und es sind entsprechende Anpassungen nötig. Also, was tun? Ganz einfach, irgendwann muss man loslassen. Ich muss mein Manuskript abgeben, weil sonst mein nächstes Buch nie erscheinen wird. Und du musst deine Positionierung nach außen tragen, weil du sonst nie gesehen und nie gekauft wirst.

Auf dem Weg zu dir selbst

»Wer bin ich eigentlich?« Diese Fragestellung schwebt über uns wie ein Damoklesschwert. Dabei ist das Leben dynamisch und darf sich ändern. Das Einzige, was festgelegt wurde, bist tatsächlich du, indem du einen Namen nach deiner Geburt bekommst. Und nicht einmal den musst du dein Leben lang behalten, wenn du nicht möchtest (Stichwort: Künstlername). Alles Weitere, was du im Leben tust, ist nicht in Stein gemeißelt, sondern etwas, das sich ändern darf und – davon bin ich überzeugt – auch meist ändern wird.

Die Schwelle des Erfolgs liegt immer ein wenig höher als die Schwelle, an der die Zweifel verschwinden.

Mir geht die Suche nach einem Titel, nach einer richtigen Positionierung einfach zu lang. Wie du bereits gelesen hast: Ich habe lange Zeit sehr mit mir gehadert. Ich wusste nicht, wer ich genau bin. Ich wollte so vieles sein. Dennoch habe ich irgendwann einfach losgelegt und mein Ding gemacht. Und das kannst du auch. Fang doch mal an, Geld zu verdienen, aus dem Haus zu gehen, Erfahrungen zu sammeln – auch und gerade dann, wenn du noch nicht »fertig« bist oder dich nicht bereit fühlst.

Mir scheint, dass die Schwelle des Erfolgs liegt immer ein wenig höher liegt als die Schwelle, an der die Zweifel verschwinden. Aufgrund dieser kleinen Lücke geben Menschen auf, kommen nicht in die Pötte, wollen lieber noch einmal überlegen, sind sich nicht sicher, realisieren dadurch keine Umsätze und »verhungern« letzten Endes mit ihrem Vorhaben. Denn irgendwann sind ihre Zweifel so groß, dass das Licht am Ende des Tunnels nicht mehr zu sehen ist. Sie geben ihre Idee auf und verzichten auf den Geschäftserfolg, den sie hätten haben können. Dabei hätten sie nur eine Portion Mut gebraucht.

Das Leben ist ein Arbeitstitel.

Wenn du nach wie vor die eine, ewig richtige, perfekte Positionierung für dich suchst, traue ich mich zu wetten, dass du sie nie finden wirst. Meine Meinung ist klar: Das Leben ist ein Arbeitstitel. Schau dir meinen Werdegang an – oder noch besser: Schau dir lieber deinen eigenen Werdegang an und du wirst sehen, dass niemals ein einziges Label ausreichend wäre.

Vorbilder bringen dich vom Weg ab

Oft versuchen wir ja, jemand zu sein, der wir gar nicht sind. Ich bin dazu übergegangen, zu versuchen, eine bessere Version meiner selbst zu werden statt irgendjemand anderes. Aber auch das war ein Weg, den ich erst einmal beschreiten musste und der nicht immer leicht war.

Früher habe ich mir viele Redner angeschaut und immer, wenn ich einen gesehen habe, der mir gefallen hat oder der beim Publikum gut angekommen ist, dann wollte ich genauso sein wie er. Ich bewunderte beispielsweise auch Rolf Ruhleder, seines Zeichens knallharter und gleichzeitig witziger Rhetoriktrainer, der bis zum Sankt Nimmerleinstag ausgebucht war und dessen Seminare stets gefüllt waren. Ich wollte so sein wie er, habe sogar versucht, meine Persönlichkeit – die übrigens ganz weit weg von seiner war – entsprechend zu verformen. Bis ich eines Tages den Experten für Körpersprache und Pantomime, Samy Molcho, live in Aktion sah. Samy war das Gegenteil von Rolf, er war zart, sanft, liebevoll, weich, menschlich. Hätte das Auditorium damals wie auf Social Media rote Herzen senden können, so wäre der Saal sicherlich voll davon gewesen. Ab diesem Moment wollte ich am liebsten so sein wie Samy – noch mehr, als ich erfuhr, dass Rolf seinerseits Samy total großartig fand. Ich konzentrierte all meine Bemühungen darauf, nun wieder ganz anders zu werden.

Wer nur Vorbildern nacheifert, läuft Gefahr, immer in die Fußstapfen anderer zu treten, statt eigene Fußspuren zu hinterlassen.

Meine Wankelmütigkeit, einmal so und einmal so werden zu wollen, führte dazu, dass ich zwischendrin gar nicht mehr wusste, wer ich eigentlich war oder sein sollte. Es herrschte totale Verwirrung. Aus diesem Grund bin ich viele Jahre lang nie geworden, wer ich alternativlos hätte werden sollen – nämlich Hermann Scherer.

Ich habe daraus gelernt: Wer nur Vorbildern nacheifert, läuft Gefahr, immer in die Fußstapfen anderer zu treten, statt eigene Fußspuren zu hinterlassen. Vorbilder haben sicherlich einen gewissen Reiz, aber gleichzeitig bergen sie die Gefahr, dich vom Weg abzubringen. Es ist schwer genug, die eigene Persönlichkeit mit Leben zu füllen und zu realisieren, dass man im Leben keine Zeit verschwenden sollte, um anderen nachzueifern, deren Persönlichkeit für uns ja doch nie erreichbar ist. Es ist eben deren Persönlichkeit und nicht unsere.

Immer wenn wir unseren Blick auf andere, insbesondere auf unsere Vorbilder richten, scheint dort immer alles perfekt, hundertprozentig durchdacht und vor allen Dingen »richtig« zu sein. Voller Neid und Ehrfurcht staunen wir über deren Resultate und Ergebnisse, Claims, Slogans oder Titel. Dabei bin ich mir aus eigener Erfahrung sicher, dass das, was wir bei anderen als so perfekt empfinden, von diesen Personen selbst wesentlich kritischer betrachtet wird. In meinem Leben war das oft genug so, und vieles ist sogar total ungeplant so gut gelaufen, wie es letzten Endes gelaufen ist.

Kurzum: Sich über anderer Leute Erfolge den Kopf zu zerbrechen, bringt dich nicht wirklich weiter. Natürlich kannst du dir Anregungen holen, kannst dir von Erfahreneren eine Scheibe abschneiden und von deren Wissen profitieren, doch letzten Endes musst du deinen eigenen Weg gehen. Irgendwann – und dieses »Irgendwann« sollte relativ zeitnah sein – musst du dich festlegen und loslegen. Alles andere kostet dich zu viel Zeit, zu viele Nerven und vor allen Dingen zu viel nicht erwirtschaftetes Geld. Lass dir deine Chance auf Erfolg nicht durch die Lappen gehen!

Deswegen habe ich dir in diesem Buch meine Erkenntnisse zur Verfügung gestellt: damit du die eine oder andere praxiserprobte Abkürzung zu deiner persönlichen Positionierung nehmen und dein Business souverän in die Pole Position bringen kannst. Bei den Vorbereitungen kann ich dir beratend zur Seite stehen, aber das Rennen musst du letztlich alleine bestreiten und deine Konkurrenten hinter dir lassen. Das liegt in deiner Verantwortung. Also: Augen geradeaus, das Ziel fest im Blick – und los geht's!

Gib Gas, aber dosiert

Mir ist bewusst, dass wir Speaker auf der Bühne manchmal ein Feuer entzünden, verbale Leuchtraketen abschießen und die ein oder andere emotionale Form wählen, um die Menschen dazu zu bringen, die Ärmel hochzukrempeln, loszulegen, den nächsten Schritt zu wagen. Das ist schließlich unser Job, dafür werden wir engagiert. Auch dieses Buch spielt im Titel mit der Assoziation »Rennsport« oder »Formel 1«, was logischerweise Schnelligkeit suggeriert. Mir ist es schon wichtig, dass du im Vorfeld nicht unnötig Zeit verlierst, sondern dich und dein Business mit gezielten Maßnahmen in die Pole Position bringst. Doch bei der Umsetzung, also nachdem die Startflagge runter ist, bin ich eindeutig ein Freund der sanften Dosierung.

Beruflicher Erfolg ist kein Sprint und auch kein 100-Meter-Lauf, sondern ein Marathon.

Denn zu häufige erlebe ich Menschen, die mit Feuer und Flamme aus den Veranstaltungen rennen und sich fürchterlich verausgaben in der Umsetzung all der Dinge, die sie jetzt glauben, unbedingt tun zu müssen. Dabei laufen sie jedoch Gefahr, dass ihnen schon nach wenigen Tagen oder vielleicht Wochen die Kraft ausgeht. Denk immer daran: Karriere oder beruflicher Erfolg ist kein Sprint und auch kein 100-Meter-Lauf, sondern ein Marathon. Darum ist es mir lieber, du arbeitest mit dem, was die Psychologen das Prinzip der Minimalkonstanz nennen, indem du nicht drei Tage lang die Welt veränderst, sondern lieber deine Welt über die Tage ein wenig veränderst. Schritt für Schritt. Du setzt die Füße nacheinander auf und behältst einen gleichbleibenden Rhythmus bei, sodass du sicher, entspannt und dauerhaft dem Erfolg entgegenlaufen kannst, ohne aus der Puste oder aus dem Tritt zu kommen. Beharrlichkeit und Durchhaltevermögen sind also gefragt.

Sei mutig und entschlossen

Versprechen heißt auf Englisch *promise*. Mein Lieblingsduft heißt auch Promise; der Parfümeur sieht den Duft als eine Hommage an das gegebene Wort. Das Wort, das man gibt, das hält man – anderen gegenüber und sich selbst gegenüber natürlich auch. Doch um sein Wort zu halten, braucht man eine ordentliche Portion Mut.

Es ist leichter,

- sein Wort nicht zu halten,
- sich selbst und andere zu belügen,
- keine wahre Botschaft zu haben,
- ein Verwalter statt ein Gestalter zu sein,
- sich der Norm anzupassen.
- sich im Mittelmaß häuslich einzurichten.

Doch im Mittelmaß kleidest du dich wie alle anderen, benimmst du dich wie alle anderen, denkst wie alle denken, tust das, was alle tun, gehst dahin, wo alle hingehen. Du landest also unweigerlich in der goldenen Mitte und wunderst dich, dass es dort verstopft ist. Da gehörst du aber doch gar nicht hin!

Es gilt, für dich selbst einzustehen, um außergewöhnlich, weise, reich oder erfolgreich zu sein, um auf der Bühne des Lebens zu stehen und die innere Bühne nach außen zu tragen. Sei der Architekt deines eigenen Lebens und sag Ja zu dir selbst. Zugegeben, es braucht eine ordentliche Portion Mut, um souverän in die Fußstapfen deiner Vorfahren zu treten, deinen Eltern zu zeigen, was du alles kannst, und deinen Kindern ein Vorbild zu sein – und bei alldem eigene unverkennbare Fußspuren zu hinterlassen.

Sei der Architekt deines eigenen Lebens und sag Ja zu dir selbst.

Du brauchst Mut, um

- deiner Bestimmung zu folgen,
- deine innere Bühne nach außen zu bringen,
- unbekannte Wege zu beschreiten,

- nicht normal und angepasst, sondern anders, einzigartig, bemerkenswert und unübersehbar zu sein,
- das Potenzial, das in dir schlummert, zu entdecken und zu nutzen,
- deine Botschaft zu senden,
- nicht zu denken: »Was werden die Leute denken?« und an dir zu zweifeln, sondern unerschütterlich an dich selbst und deinen Erfolg zu glauben,
- nicht aufzugeben,
- nicht alles zu glauben, was dein innerer Kritiker von sich gibt, sondern deiner Seele und deinen wahren Träumen zu folgen.

Wettest du auf dich? Das hoffe ich doch sehr!

Ich frage dich, in dieser weichgespülten Welt, in der wir leben, in diesem Mittelmaß, in dem wir leben, in dieser Soap Opera, in der wir leben: Bist du eine Person, die den Mut hat, für sich und ihre Träume einzustehen? Aufzustehen und ihren Traum zu leben? Ihr Licht zum Leuchten zu bringen? Aus ihrer Marke GOLD zu machen und auf sich selbst zu wetten?

Deine Ziele sind letztlich nicht mehr und nicht weniger als eine Wette auf deine Lernbereitschaft und dein Leistungsvermögen, auf deine Potenziale und deine Stärken, auf deinen Herzenswunsch. Also, wettest du auf dich? Das hoffe ich doch sehr! Ich wette gerne auf dich – und dass es sich lohnt, auf dich zu wetten, das zeige ich dir im GOLD-Programm, wenn du magst.

Anmerkungen

1 Schrein, Kevin: »Abrakadabra, ich kündige«, *Der Spiegel*, 29.01.2013, https://www.spiegel.de/karriere/beruf-zauberer-so-verdient-man-mit-zaubertricks-den-lebensunterhalt-a-879636.html (zugegriffen am 10.10.2022).

2 Manuela: »Ehrlich Brothers: Das Vermögen der Zauberer«, *VermögenMagazin*, 07.11.2019, https://www.vermoegenmagazin.de/ehrlich-brothers-vermoegen/ (zugegriffen am 09.10.2022); »David Copperfield Vermögen«, *Das Vermögen*, 18.11.2020, https://www.dasvermoegen.com/david-copperfield-vermoegen/ (zugegriffen am 10.10.2022).

3 »MZvD, Magischer Zirkel von Deutschland«, ohne Datum, https://www.mzvd.de/ (zugegriffen am 10.10.2022).

4 Stanford University: »›You've got to find what you love,‹ Jobs says«, Stanford News, 12.06.2005, https://news.stanford.edu/2005/06/12/youve-got-find-love-jobs-says/ (zugegriffen am 10.10.2022).

5 Ebd.

6 »Alleinstellungsmerkmal«, in: *Wikipedia*, 29.07.2021, https://de.wikipedia.org/w/index.php?title=Alleinstellungsmerkmal&oldid=214324163 (zugegriffen am 10.10.2022).

7 »Wer ist Dirk Kreuter?«, *Dirkkreuter.com*, ohne Datum, https://dirkkreuter.com/ueber-dirk-kreuter (zugegriffen am 10.10.2022).

8 Zeigarnik, Bluma: »Das Behalten erledigter und unerledigter Handlungen«, *Psychologische Forschung* 9/1 (1927); »Zeigarnik-Effekt«, in: *Wikipedia*, 02.12.2020, https://de.wikipedia.org/w/index.php?title=Zeigarnik-Effekt&oldid=206167381 (zugegriffen am 10.10.2022).

9 »Five classic Wimbledon traditions«, *BBC Bitesize*, ohne

Datum, https://www.bbc.co.uk/bitesize/articles/zhdbpg8 (zugegriffen am 10.10.2022); »Weil sie gegen die ›All-White‹-Regel verstossen haben, müssen Spielerinnen ohne BH antreten«, *watson.ch*, ohne Datum, https://www.watson.ch/!410770125 (zugegriffen am 10.10.2022).

10 »Die Tradition der Weihnachtsgurke«, 10.12.2020, https://www.mcdonalds.com/de/de-de/GermanyNewsroom/article/die_weihnachtsgurke.html (zugegriffen am 10.10.2022).

11 Schasche, Stefan: »McDonald's lässt die Weihnachtsgurke auferstehen«, *W&V online*, 10.12.2020, https://www.wuv.de/Archiv/McDonald's-lässt die Weihnachtsgurke-auferstehen (zugegriffen am 10.10.2022).

12 »Werbung McDonalds Weihnachtsgurke 2020«, 16.12.2020, https://www.youtube.com/watch?v=wOZ5cAG9pIE (zugegriffen am 10.10.2022).

13 Mai, Jochen: »Authentizität: Die Kunst authentisch zu sein«, 25.08.2022, https://karrierebibel.de/authentizitat/ (zugegriffen am 10.10.2022).

14 Sinek, Simon: »How great leaders inspire action«, *TED.com*, 2009, https://www.ted.com/talks/simon_sinek_how_great_leaders_inspire_action (zugegriffen am 10.10.2022).

15 »Simon Sinek«, in: *Wikipedia*, 01.09.2022, https://de.wikipedia.org/w/index.php?title=Simon_Sinek&oldid=225806501 (zugegriffen am 10.10.2022).

16 Ebd.

17 Sisney, Lex: »What's Wrong with the Golden Circle?«, *Organizationalphysics.com*, 01.04.2013, https://organizationalphysics.com/2013/04/01/whats-wrong-with-the-golden-circle/ (zugegriffen am 10.10.2022).

18 »Über uns – Biografie WHO'S WHO«, *Whoswho.de*, ohne Datum, https://whoswho.de/ueber-uns.html (zugegriffen am 10.10.2022).

19 »Henri Dunant – Biografie WHO'S WHO«, *Whoswho.de*, ohne Datum, https://whoswho.de/bio/henri-dunant.html (zugegriffen am 10.10.2022); Wichmann, Manfred: »Jean-Henry Dunant – Gründer des ›Roten Kreuzes‹«, *Deutsches Historisches Museum Berlin*, 14.09.2014, https://www.dhm.de/lemo/biografie/henri-dunant (zugegriffen am 10.10.2022); Dreher, Kerstin Eva: »Rotes Kreuz: Dunant«, *Planet Wissen*, 08.10.2018, https://www.planet-wissen.de/gesellschaft/organisationen/rotes_kreuz/

pwiejeanhenrydunantgruenderdesrotenkreuzes100.html (zugegriffen am 10.10.2022).
20 »Rosa Parks – Biografie WHO'S WHO«, ohne Datum, https://whoswho.de/bio/rosa-parks.html (zugegriffen am 10.10.2022).
21 Peralta, Eyder: »PHOTO: President Obama Sits In Rosa Parks Bus«, NPR, 19.04.2012, https://www.npr.org/sections/thetwo-way/2012/04/19/150970124/photo-president-obama-sits-in-rosa-parks-bus (zugegriffen am 10.10.2022); Jones, Jonathan: »What was on Obama's mind as he sat on the Rosa Parks bus?«, *The Guardian*, 02.12.2013, https://www.theguardian.com/world/shortcuts/2013/dec/02/obama-rosa-parks-bus-anniversary-racial-inequalities-us (zugegriffen am 10.10.2022).
22 Rhodan, Maya: »President Obama Honors Rosa Parks as ›Giant of Her Age‹«, *Time* (01.12.2015), https://time.com/4130791/rosa-parks-sixty-years-obama-tribute/ (zugegriffen am 10.10.2022).
23 »Plant-for-the-Planet«, http://plant-for-the-planet.org (zugegriffen am 10.10.2022); »Felix Finkbeiner«, in: *Wikipedia*, 15.09.2022, https://de.wikipedia.org/w/index.php?title=Felix_Finkbeiner&oldid=226183141 (zugegriffen am 10.10.2022); »Laudatio zur Verleihung der Bayerischen Staatsmedaille für Verdienste um die Umwelt 2009«, *Bayerisches Staatsministerium für Umwelt und Verbraucherschutz*, 2009, https://www.stmuv.bayern.de/ministerium/auszeichnungen/verdienst_umwelt/detailansicht.htm?tid=19580 (zugegriffen am 10.10.2022); Hoffmann, Hermann: »20-Jähriger aus Bayern mit Bundesverdienstkreuz geehrt«, BR24, 22.05.2018, https://www.br.de/nachrichten/das-wichtigste/20-jaehriger-aus-bayern-mit-bundesverdienstkreuz-geehrt,QsmIIfP (zugegriffen am 10.10.2022).
24 Huber, Daniel: »Mission bessere Welt – diese 20 jungen Menschen haben eine Vision«, *Watson.ch*, 15.03.2019, https://www.watson.ch/wissen/jugend/562508656-20-junge-leute-die-die-welt-verbessern-wollen (zugegriffen am 10.10.2022).
25 »Hermann Scherer – Wofür bist DU angetreten?«, 21.06.2017, https://www.youtube.com/watch?v=7a4f7uBVprQ (zugegriffen am 10.10.2022). Der in dem Text vorkommende Satz »Trenne dich nie von deinen Illusionen und Träumen. Wenn sie verschwunden sind, wirst du weiter existieren, aber aufgehört haben, zu leben.« wird Mark Twain zugeschrieben.

26 »Storytelling (Methode)«, in: *Wikipedia*, 29.08.2022, https://de.wikipedia.org/w/index.php?title=Storytelling_(Methode)&oldid=225734675 (zugegriffen am 10.10.2022).

27 »Narrativ (Sozialwissenschaften)«, in: *Wikipedia*, 27.08.2022, https://de.wikipedia.org/w/index.php?title=Narrativ_(Sozialwissenschaften)&oldid=225680391#cite_note-semantik_2009-2 (zugegriffen am 10.10.2022).

28 »Apple«, *Midnight Reading Sessions*, 20.05.2021, https://midnightreadingsessions.com/2021/05/20/apple/ (zugegriffen am 10.10.2022).

29 Köhler, Imke: »Wie Philip Morris rauchfrei werden will«, *Tagesschau.de*, 28.07.2021, https://www.tagesschau.de/wirtschaft/unternehmen/philip-morris-zigaretten-konzernumbau-101.html (zugegriffen am 10.10.2022).

30 Ebd.

31 Ahrends, Sandra: »Konsum von Zucker weltweit bis 2020/2021«, *Statista*, 14.09.2022, https://de.statista.com/statistik/daten/studie/454321/umfrage/konsum-von-zucker-weltweit/ (zugegriffen am 10.10.2022); Ahren, Sandra: »Pro-Kopf-Konsum von Zucker in Deutschland in den Jahren 1950/51 bis 2020/21«, *Statista*, 14.03.2022, https://de.statista.com/statistik/daten/studie/175483/umfrage/pro-kopf-verbrauch-von-zucker-in-deutschland/ (zugegriffen am 10.10.2022).

32 Ahrends, Sandra: »Zuckerverbrauch pro Kopf in ausgewählten Ländern weltweit in den Jahren 2013/14 bis 2016/17«, *Statista*, 28.07.2022, https://de.statista.com/statistik/daten/studie/241649/umfrage/verbrauch-von-zucker-in-ausgewaehlten-regionen-weltweit/ (zugegriffen am 10.10.2022).

33 »Crazy Cheese Manufacture«, https://www.crazy-cheese.com/ (zugegriffen am 10.10.2022).

34 Gorsche, Alexandra: »Say Cheese: Ludomirska über die Marken-Botschaft«, *Falstaff*, 22.06.2020, https://www.falstaff.de/nd/say-cheese-ludomirska-ueber-die-marken-botschaft/ (zugegriffen am 10.10.2022).

35 Lux, Torben: »Crazy Cheese: Wie dieser Österreicher Käse online als teures Lifestyle-Produkt inszeniert«, OMR, 14.08.2020, https://omr.com/de/daily/crazy-cheese-roland-ludomirska/ (zugegriffen am 10.10.2022); Gorsche: »Say Cheese«.

36 »Netzwerk-Marketing«, in: *Wikipedia*, 17.04.2022, https://de.

wikipedia.org/w/index.php?title=Netzwerk-Marketing&oldid=222148063 (zugegriffen am 10.10.2022).

37 Weingarten, Gene: »Pearls Before Breakfast: Can one of the nation's great musicians cut through the fog of a D.C. rush hour? Let's find out.«, *Washington Post Online*, 08.04.2007, https://www.washingtonpost.com/lifestyle/magazine/pearls-before-breakfast-can-one-of-the-nations-great-musicians-cut-through-the-fog-of-a-dc-rush-hour-lets-find-out/2014/09/23/8a6d46da-4331-11e4-b47c-f5889e061e5f_story.html (zugegriffen am 10.10.2022).

38 »Sascha Lobo«, in: *Wikipedia*, 06.10.2022, https://de.wikipedia.org/w/index.php?title=Sascha_Lobo&oldid=226814124 (zugegriffen am 10.10.2022).

39 »Das Oktoberfest als Wirtschaftsfaktor«, *Oktoberfest.de*, 04.08.2022, https://www.oktoberfest.de/magazin/oktoberfest-news/2022/oktoberfest-wirtschaftsfaktor (zugegriffen am 10.10.2022); »Das Oktoberfest – ein Milliardengeschäft«, *Frankfurter Rundschau*, 18.09.2019, https://www.fr.de/wirtschaft/muenchen-oktoberfest-milliardengeschaeft-13015511.html (zugegriffen am 10.10.2022).

40 »Kriege, Bomben, Cholera, Corona - Wann die Wiesn ausfallen musste«, *Oktoberfest.de*, ohne Datum, https://www.oktoberfest.de/magazin/oktoberfest-absagen-geschichte-krieg-cholera-corona (zugegriffen am 10.10.2022).

41 »Udo-Lindenberg.de – News«, 11.01.2011, https://www.udo-lindenberg.de/auf_tischtuch_notiert_so_plante_udo_lindenberg_seine_karriere.77712.htm (zugegriffen am 10.10.2022).

42 Horx, Matthias: »Im Rausch des Positiven: Die Welt nach Corona«, *Zukunftsinstitut*, 05.10.2022, https://www.zukunftsinstitut.de/artikel/im-rausch-des-positiven-die-welt-nach-corona/ (zugegriffen am 10.10.2022); Zukunftsinstitut GmbH: »Der Corona-Effekt – Vier Zukunftsszenarien«, 15.03.2020, https://www.zukunftsinstitut.de/fileadmin/user_upload/Whitepaper-Der-Corona-Effekt-Zukunftsinstitut.pdf (zugegriffen am 10.10.2022).

43 »Bibis kleines Beauty-Imperium: So verdient Deutschlands YouTube-Star rund 110 000 Euro monatlich«, *Manager Magazin Online*, 03.04.2017, https://www.manager-magazin.de/unternehmen/personalien/bibi-so-verdient-deutschlands-youtube-

star-rund-110-000-euro-monatlich-a-1141648.html (zugegriffen am 10.10.2022).

44 »Neue Düfte, neue Absatzrekorde: für bilou Duschschaum stürmten die Fans die Märkte«, *Kosmetiknachrichten.de*, 14.07.2016, https://www.kosmetiknachrichten.de/2016/07/14/neue-duefte-neue-absatzrekorde-fuer-bilou-duschschaum-stuermten-die-fans-die-maerkte/ (zugegriffen am 10.10.2022).

45 »Bibi H.«, *Warner Music Germany*, 29.10.2021, http://www.warnermusic.de/bibi-h (zugegriffen am 10.10.2022).

46 »›How It Is (Wap Bap ...)‹: Bibi H. knackt Dislike-Rekord«, *Laut.de*, 08.05.2017, http://www.laut.de/News/How-It-Is-Wap-Bap-...-Bibi-H.-knackt-Dislike-Rekord-08-05-2017-13626 (zugegriffen am 10.10.2022).

47 »Bianca Claßen«, in: *Wikipedia*, 05.10.2022, https://de.wikipedia.org/w/index.php?title=Bianca_Cla%C3%9Fen&oldid=226795547#cite_note-18 (zugegriffen am 10.10.2022).

48 »Presse- und Kundenstimmen«, *Förster & Kreuz*, ohne Datum, https://foerster-kreuz.com/presse-kunden-stimmen/ (zugegriffen am 10.10.2022).

49 Harari, Yuval Noah: *21 Lektionen für das 21. Jahrhundert*. C. H. Beck, 2018.

50 Dudenredaktion, »Schubladendenken«, Duden online, ohne Datum, https://www.duden.de/node/160143/revision/1280450 (zugegriffen am 10.10.2022).

Hermann Scherer hat auf seinem bisherigen Lebensweg viele Höhen und Tiefen erlebt, die ihn nachhaltig geprägt und sein Verständnis vom Leben und von der Welt geformt haben. Unzählige Entscheidungen – große und kleine – haben aus ihm den Menschen gemacht, der er heute ist. Seinen Erfahrungsschatz teilt er offen, ehrlich und von Herzen gerne mit seinem Publikum, ganz egal auf welcher Bühne.

Schon seit Jahrzehnten macht Hermann Scherer Menschen zu Marken, damit sie das verdienen, was sie wert sind, die Bühnen dieser Welt rocken und den Logenplatz im Kundenkopf erobern können. Er hilft ihnen dabei, die Voraussetzungen für den Start aus der Pole Position zu kreieren. Niemand hat in Deutschland mehr Redner auf die Bühne gebracht als er, doch seine Erkenntnisse und Erfahrungen helfen nicht nur Speakern, sondern unterstützen alle Menschen, die mit ihrem Business durchstarten und als Marke sichtbar werden wollen.

FÜR TÄGLICHE INSPIRATION

FOLGE MIR

hermannscherer_official

hermannscherer

hermannscherer

hermannscherer

HERMANN SCHERER PODCAST